"十四五"职业教育国家规划教材

职业教育"十三五"
数字媒体应用人才培养规划教材

Photoshop CC ⑳⑲

图像处理
基础教程

第6版 | 微课版

石坤泉 / 主编

韩森 高雪雯 李强 / 副主编

U0277299

人民邮电出版社

北京

图书在版编目（CIP）数据

Photoshop CC 2019图像处理基础教程：微课版 / 石坤泉主编. -- 6版. -- 北京：人民邮电出版社，2020.8

职业教育"十三五"数字媒体应用人才培养规划教材

ISBN 978-7-115-53763-8

Ⅰ. ①P… Ⅱ. ①石… Ⅲ. ①图象处理软件—职业教育—教材 Ⅳ. ①TP391.413

中国版本图书馆CIP数据核字(2020)第054973号

内 容 提 要

本书全面系统地介绍了 Photoshop CC 2019 的基本操作方法和图形图像处理技巧，包括初识 Photoshop CC 2019、图像处理基础知识、绘制和编辑选区、绘制和修饰图像、编辑图像、调整图像的色彩和色调、图层的应用、文字的使用、图形与路径、通道的应用、滤镜效果、动作的制作和商业应用实战等内容。

本书将案例融入软件功能的介绍过程中，在讲解基础知识和基本操作后，精心设计了课堂案例，力求通过课堂案例演练，使学生快速掌握软件的应用技巧；最后通过课后习题实践，拓展学生的实际应用能力。在本书的第 13 章，安排了专业设计公司的 7 个精彩实例，力求通过这些实例的制作，提高学生艺术设计的创意能力。

本书可作为职业院校"Photoshop"相关课程的教材，也可供相关人员自学参考。

◆ 主　编　石坤泉

副主编　韩　森　高雪雯　李　强

责任编辑　桑　珊

责任印制　王　郁　马振武

◆ 人民邮电出版社出版发行　　北京市丰台区成寿寺路 11 号

邮编　100164　　电子邮件　315@ptpress.com.cn

网址　https://www.ptpress.com.cn

三河市君旺印务有限公司印刷

◆ 开本：787×1092　1/16

印张：19　　　　　　　　2020 年 8 月第 6 版

字数：477 千字　　　　　　2024 年 8 月河北第14次印刷

定价：59.80 元

读者服务热线：(010)81055256　印装质量热线：(010)81055316

反盗版热线：(010)81055315

广告经营许可证：京东市监广登字 20170147 号

第6版前言　　　　FOREWORD

Photoshop 是由 Adobe 公司开发的图形图像处理和编辑软件。它功能强大、易学易用，深受图形图像处理爱好者和平面设计人员的喜爱，已经成为这一领域非常流行的软件之一。目前，我国很多职业院校的数字媒体艺术类专业，都将"Photoshop"列为一门重要的专业课程。为了帮助职业院校的教师全面、系统地讲授这门课程，使学生能够熟练地使用 Photoshop 来进行创意设计，我们几位长期在职业院校从事 Photoshop 教学的教师和专业平面设计公司经验丰富的设计师，共同编写了本书。

本书在第 5 版的基础上更新了软件版本和实例，具有完备的知识结构体系，按照"课堂案例—软件功能解析—课堂练习—课后习题"这一思路进行编排，使学生快速掌握软件的应用技巧，并提高学生的创意设计能力。在内容编写方面，我们力求细致全面、重点突出；在文字叙述方面，我们注意言简意赅、通俗易懂；在案例选取方面，我们强调案例的针对性和实用性。

为方便教师教学，本书配备了素材及效果文件、视频、PPT 课件、教学大纲等丰富的教学资源，任课教师可到人邮教育社区（www.ryjiaoyu.com）免费下载使用。

本书的参考学时为 64 学时，其中实训环节为 28 学时，各章的参考学时参见下面的学时分配表。

第6版前言

章	课 程 内 容	学时分配（学时）	
		讲 授	实 训
第 1 章	初识 Photoshop CC 2019	2	
第 2 章	图像处理基础知识	2	
第 3 章	绘制和编辑选区	2	2
第 4 章	绘制和修饰图像	4	2
第 5 章	编辑图像	2	2
第 6 章	调整图像的色彩和色调	4	2
第 7 章	图层的应用	2	2
第 8 章	文字的使用	2	2
第 9 章	图形与路径	4	2
第 10 章	通道的应用	2	2
第 11 章	滤镜效果	4	2
第 12 章	动作的制作	2	2
第 13 章	商业应用实战	4	8
学 时 总 计		36	28

本书中关于颜色设置的表述，如橘黄色（207、141、55），括号中的数字分别为其 R、G、B 的值。

本书全面贯彻党的二十大精神，以社会主义核心价值观为引领，传承中华优秀传统文化，坚定文化自信，使内容更好体现时代性、把握规律性、富于创造性。

由于编者水平有限，书中难免存在疏漏和不妥之处，敬请广大读者批评指正。

编　者

2023 年 5 月

Photoshop 教学辅助资源及配套教辅

素材类型	数量	素材类型	数量
教学大纲	1 套	课堂案例	41 个
电子教案	13 单元	课后习题	17 个
PPT 课件	13 个	习题答案	17 个

配套视频列表

章	视频微课	章	视频微课
第3章 绘制和编辑选区	制作食品餐饮类电商 Banner	第11章 滤镜效果	制作中信达娱乐 H5 首页
	制作沙发详情页主图		制作金珠旺理财公众号首页次图
	制作旅游出行公众号首图		制作美妆护肤类公众号封面首图
第4章 绘制和修饰图像	制作娱乐媒体类公众号封面次图		制作艾善汽车公众号首页次图
	制作美妆公众号运营海报		制作每日早餐公众号封面首图
	制作体育世界公众号封面次图		制作疆和文化传媒公众号封面首图
	制作应用商店类 UI 图标		制作音乐类 App 引导页
	制作女装活动页 H5 首页	第12章 动作的制作	制作城程旅游公众号封面次图
	制作美妆教学类公众号封面首图		制作饼饼商学院公众号封面首图
第5章 编辑图像	制作展示油画		制作摩卡卡汽车公众号封面次图
	制作旅游公众号首图	第13章 商业应用实战	绘制时钟图标
	制作房屋地产类公众号信息图		绘制画板图标
	制作证件照		绘制记事本图标
第6章 调整图像的色彩和色调	制作摩托车 App 闪屏页		制作电商 App 界面1
	制作女装网店详情页主图		制作电商 App 界面2
	制作媒体娱乐公众号封面次图		制作电商 App 界面3
	制作时尚娱乐 App 引导页		制作春之韵巡演海报
	制作太仪合文化公众号首页次图		制作旅游公众号运营海报
	制作餐饮行业公众号封面次图		制作招聘运营海报
第7章 图层的应用	制作家电类网站首页 Banner		制作女包类 App 主页 Banner
	制作光亮环电子数码公众号首页次图		制作空调扇 Banner 广告
	制作文化创意教你 PS 公众号封面首图		制作化妆品 App 主页 Banner
	制作饰品类公众号封面首图		制作时尚杂志电子书封面
	制作分众众传媒公众号首页次图		制作美食书籍封面
	制作众森森金融公众号首页次图		制作儿童教育书籍封面
第8章 文字的使用	制作牛肉面海报		制作冰淇淋包装
	制作爱宝课堂公众号封面首图		制作曲奇包装
	制作休闲鞋详情页主图		制作充电宝包装
第9章 图形与路径	制作家电类 App 引导页插画		制作家具网站首页
	制作艺人舞者公众号封面首图		制作绿色粮仓网页
	制作环保类公众号首页次图		制作儿童零食网页
第10章 通道的应用	制作大大碗娱乐公众号封面首图		
	制作女性健康公众号首页次图		
	制作狗宝宝 App 主页 Banner		

扩展知识扫码阅读

设计基础知识

1. 认识基本形体

2. 透视原理

3. 平面构成

4. 形式美法则

5. 点、线、面三大要素

6. 基本形与骨骼

7. 色彩

8. 图形创意方法

9. 版式设计

设计应用知识

1. 图标设计

图标的概念　图标的设计流程　图标的设计原则

图标的设计规范　图标的风格类型

2. APP 界面设计

APP 的概念　APP 设计的流程　APP 设计的原则

iOS 系统设计规范　Android 设计规范　APP 常用界面类型

3. 招贴广告设计

4. 电商网店设计

Photoshop 在电商中的应用　淘宝店铺各模块图片尺寸及具体要求　网店首页各元素的设计　商品详情页面各元素设计

5. 书籍设计

6. 包装设计

7. 网页设计

目 录

CONTENTS

CONTENTS

目 录

CONTENTS

目 录

CONTENTS

目 录

01

第1章
初识 Photoshop CC 2019

本章将详细讲解 Photoshop CC 2019 的基础知识和基本操作。读者通过学习本章将对 Photoshop CC 2019 有初步的认识和了解，并能够掌握软件的基本操作方法，为以后的学习打下坚实的基础。

课堂学习目标

- 了解 Photoshop 的工作界面
- 掌握如何新建、打开、保存和关闭图像
- 了解图像的显示效果
- 掌握标尺、参考线和网格线的设置
- 掌握图像和画布的调整
- 掌握绘图颜色的设置
- 了解图层的含义
- 了解恢复操作的应用

1.1　工作界面的介绍

　　使用工作界面是学习 Photoshop CC 2019 的基础。熟悉工作界面的内容，有助于广大初学者日后得心应手地使用 Photoshop CC 2019。Photoshop CC 2019 的工作界面主要由"菜单栏""属性栏""工具箱""控制面板""工作区域"和"状态栏"组成，如图 1-1 所示。

图 1-1

1.1.1　菜单栏及其快捷方式

　　Photoshop CC 2019 的菜单栏依次分为"文件"菜单、"编辑"菜单、"图像"菜单、"图层"菜单、"文字"菜单、"选择"菜单、"滤镜"菜单、"3D"菜单、"视图"菜单、"窗口"菜单及"帮助"菜单，如图 1-2 所示。

> Ps　文件(F)　编辑(E)　图像(I)　图层(L)　文字(Y)　选择(S)　滤镜(T)　3D(D)　视图(V)　窗口(W)　帮助(H)

图 1-2

　　选择这些菜单命令来管理和操作软件，有以下几种方法。

　　▣ 使用鼠标选择所需要的命令。使用鼠标左键单击（以下简称为"单击"）菜单名，在打开的菜单中选择所需要的命令。打开图像，在工具箱中选择不同的工具，用鼠标右键单击工作区域中的图像，将弹出不同的快捷菜单，可以选择快捷菜单中的命令对图像进行编辑。如选择"矩形选框"工具 ▢ 后，用鼠标右键单击图像区域，弹出的快捷菜单如图 1-3 所示。

　　▣ 使用快捷键选择所需要的命令。使用菜单命令旁标注的快捷键，如选择"文件 > 打开"命令，直接按 Ctrl+O 组合键即可。

图 1-3

➡ 自定义键盘快捷方式。为了能更方便地使用最常用的命令，Photoshop CC 2019 为用户提供了自定义键盘快捷方式、保存键盘快捷方式的功能。

选择"编辑 > 键盘快捷键"命令，或按 Alt+Shift+Ctrl+K 组合键，弹出"键盘快捷键和菜单"对话框，如图 1-4 所示。在对话框下面的信息栏中说明了快捷键的设置方法，在右侧"组"选项的下拉列表中可以选择使用哪种快捷键的设置，在左侧"快捷键用于"选项的下拉列表中可以选择需要设置快捷键的菜单或工具，在下面的表格中选择需要的命令或工具进行设置即可，如图 1-5 所示。

图1-4　　　　　　　　　　　　　　　　图1-5

需要修正快捷键设置时，单击"键盘快捷键和菜单"对话框中的"根据当前的快捷键组创建一组新的快捷键"按钮，弹出"另存为"对话框，如图 1-6 所示。在"文件名"选项的文本框中输入名称，单击"保存"按钮，保存新的快捷键设置。这时，在"组"选项中就可以选择新的快捷键设置了，如图 1-7 所示。

图1-6　　　　　　　　　　　　　　　　图1-7

更改快捷键设置后，需要单击"存储对当前快捷键组的所有更改"按钮对设置进行存储，单击"确定"按钮，应用更改的快捷键设置。如果要将快捷键的设置删除，可以在"键盘快捷键和菜单"对话框中单击"删除当前的快捷键组合"按钮，Photoshop CC 2019 会将其自动还原为默认状态。

1.1.2 工具箱

Photoshop CC 2019 的工具箱提供了强大的工具，包括选择工具、绘图工具、填充工具、编辑工具、颜色选择工具、屏幕视图工具、快速蒙版工具等，如图 1-8 所示。

图 1-8

1. 选择工具箱中的默认工具

选择工具箱中的默认工具，有以下几种方法。

➡ 使用鼠标选择默认工具。用鼠标单击工具箱中需要的工具，即可快速选择该工具。

➡ 使用快捷键选择默认工具。直接按键盘上的工具快捷键，即可快速选择该工具，如要选择"移动"工具 ✛ ，可以直接按 V 键。

2. 选择工具箱中的隐藏工具

在工具箱中，有的工具图标的右下方有一个黑色的小三角 ◢ ，则该图标表示的是有隐藏工具的工具组。选择工具箱中的隐藏工具，有以下几种方法。

➡ 使用鼠标选择隐藏工具。单击工具箱中有黑色小三角的工具图标，并按住鼠标左键不放，弹出隐藏的工具选项。将鼠标指针移动到需要的工具图标上，单击即可选择该工具。例如，要选择"磁性套索"工具 ❧ ，可先将鼠标指针移动到"套索"工具 ❧ 图标上，单击图标并按住鼠标左键不放，弹出隐藏的"套索"工具选项，如图 1-9 所示，将鼠标指针移动到"磁性套索"工具 ❧ 图标上，单击即可选择"磁性套索"工具 ❧ 。

图 1-9

➡ 使用快捷键选择隐藏工具。按住 Alt 键的同时用鼠标反复单击有隐藏工具的图标，就会循环出现每个隐藏的工具图标。按住 Shift 键的同时反复按键盘上的工具快捷键，也会循环出现每个隐藏的工具图标。

3. 改变图像中鼠标指针的形状

改变图像中鼠标指针的形状，有以下几种方法。

➡ 选择工具箱中的工具。当选择工具箱中的工具后，图像中的鼠标指针就变为工具图标，如图 1-10 所示。

➡ 按键盘上的快捷键。反复按 Caps Lock 键，可以使鼠标指针在工具图标和精确十字形之间切换，如图 1-11 所示。

图 1-10

图 1-11

1.1.3 属性栏

用户选择工具箱中的任意一个工具后，都会在 Photoshop CC 2019 的界面中出现相对应的属性栏。例如，选择工具箱中的"套索"工具 ⌒，出现套索工具的属性栏，如图 1-12 所示。

图 1-12

1.1.4 状态栏

在 Photoshop CC 2019 中，图像的状态栏显示在图像文件窗口的底部。状态栏的左侧是当前图像缩放显示的百分数；状态栏的中间部分是图像的文件信息，单击灰色三角图标 ⟩，在弹出的菜单中可以选择当前图像的相关信息，如图 1-13 所示。

1.1.5 控制面板

Photoshop CC 2019 的控制面板是处理图像时另一个不可或缺的部分。打开 Photoshop CC 2019，可以看到 Photoshop CC 2019 的界面为用户提供了多个控制面板组，如图 1-14 所示。

图 1-13

在这些控制面板组中，通过切换各控制面板的选项卡还可以选择其他控制面板，如图 1-15 所示。

将鼠标指针放置在控制面板右下角，指针变为 ↘ 图标，单击并按住鼠标左键不放，拖曳鼠标可放大或缩小控制面板。

图 1-14

图 1-15

1. 选择控制面板

选择控制面板有以下几种方法。

➡ 在"窗口"菜单中选择控制面板的菜单命令，可选择控制面板。

➡ 使用快捷键选择控制面板。按 F6 键，可选择"颜色"控制面板；按 F7 键，可选择"图层"控制面板；按 F8 键，可选择"信息"控制面板。

➡ 使用鼠标选择控制面板。在打开的控制面板中，单击要使用的控制面板选项卡，当前控制面板将切换到用户要使用的控制面板中。

如果想单独使用一个控制面板，可以在控制面板组中单击需要单独使用的控制面板选项卡，并按住鼠标左键不放，拖曳选项卡到其他位置，此时松开鼠标左键将出现一个单独的控制面板，如图 1-16 和图 1-17 所示。如果想将不同控制面板组中的控制面板调换位置，也可以使用这种方法，如图 1-18 和图 1-19 所示。

图 1-16

图 1-17

拖曳控制面板的选项卡到另一个控制面板的下方，当出现一条蓝色粗线时，如图 1-20 所示，松开鼠标左键即可将两个控制面板连接在一起，效果如图 1-21 所示。

图 1-18　　　　　　　　　　图 1-19

图 1-20　　　　　　　　　　图 1-21

2. 显示或隐藏控制面板

显示或隐藏控制面板，有以下几种方法。

➠ 在"窗口"菜单中可选择需要显示或隐藏的控制面板。

➠ 使用快捷键显示或隐藏控制面板。反复按 Tab 键，可控制显示或隐藏工具箱和控制面板；反复按 Shift+Tab 组合键，可控制显示或隐藏控制面板。

3. 自定义工作区

可以依据个人使用习惯来自定义工作区、存储控制面板及设置工具的排列方式，设计出个性化的 Photoshop CC 2019 界面。

选择"窗口 > 工作区 > 新建工作区"命令，如图 1-22 所示。弹出"新建工作区"对话框，如图 1-23 所示，输入工作区名称，单击"存储"按钮，即可将自定义的工作区进行存储。

图 1-22

图 1-23

使用自定义工作区时，在"窗口 > 工作区"命令中选择新保存的工作区名称即可。如果想要恢复使用 Photoshop CC 2019 默认的工作区状态，可以选择"窗口 > 工作区 > 复位基本功能"命令。选择"窗口 > 工作区 > 删除工作区"命令，可以删除自定义的工作区。

1.2 新建和打开图像

如果要在一个空白的图像上绘图，就要在 Photoshop CC 2019 中新建一个图像文件；如果要对照片或图片进行修改和处理，就要在 Photoshop CC 2019 中打开需要的图像。

1.2.1 新建图像

新建图像是使用 Photoshop CC 2019 进行设计的第一步。启用"新建"命令，有以下几种方法。

➠ 选择"文件 > 新建"命令。

➠ 按 Ctrl+N 组合键。

启用"新建"命令，将弹出"新建文档"对话框，如图 1-24 所示。

在对话框中，根据需要单击上方的类别选项卡，选择需要的预设新建文档；或在右侧的选项中修改图像的名称、宽度、高度、分辨率、颜色模式等预设数值新建文档，单击图像名称右侧的 按钮，新建文档预设。设置完成后，单击"创建"按钮，即可完成新建图像的任务，如图 1-25 所示。

提示

每英寸像素数越高，图像所需的存储空间也就越大。应根据工作需要设定合适的分辨率。

图 1-24　　　　　　　　　　　　　　　　　　　　　　　　图 1-25

1.2.2　打开图像

打开图像是使用 Photoshop CC 2019 对原有图片进行修改的第一步。

1. 使用菜单命令或快捷键打开文件

启用"打开"命令，有以下几种方法。

➡ 选择"文件 > 打开"命令。

➡ 按 Ctrl+O 组合键。

➡ 在 Photoshop CC 2019 界面中双击鼠标左键。

启用"打开"命令，将弹出"打开"对话框，如图 1-26 示。在对话框中搜索路径和文件，确认文件类型和名称，通过 Photoshop CC 2019 提供的预览缩略图选择文件，然后单击"打开"按钮，或直接双击文件，即可打开指定的图像文件，如图 1-27 所示。

图 1-26　　　　　　　　　　　　　　　　　　　　　　　图 1-27

> **提示**　　在"打开"对话框中，也可以同时打开多个文件。只要在文件列表中将所需的多个文件选中，单击"打开"按钮，Photoshop CC 2019 就会按先后次序逐个打开这些文件，以免多次反复调用"打开"对话框。在"打开"对话框中，按住 Ctrl 键的同时单击，可以选择不连续的文件；按住 Shift 键的同时单击，可以选择连续的文件。

2. 使用"浏览"命令打开文件

启用"浏览"命令，有以下几种方法。

→ 选择"文件 > 在 Bridge 中浏览"命令。

→ 按 Alt+Ctrl+O 组合键。

启用"在 Bridge 中浏览"命令，系统将弹出"文件浏览器"控制面板，如图 1-28 所示。

图1-28

在"文件浏览器"控制面板中可以直观地浏览和检索图像，双击选中的文件即可在 Photoshop CC 2019 界面中打开该文件。

3. 打开最近使用过的文件

如果要打开最近使用过的文件，可以选择"文件 > 最近打开文件"命令，系统会弹出最近打开过的文件菜单供用户选择。

1.3 保存和关闭图像

对图像的编辑和制作完成后，就需要对图像进行保存。对于暂时不用的图像，进行保存后就可以将它关闭。

1.3.1 保存图像

保存图像有以下几种方法。

→ 选择"文件 > 存储"命令。

→ 按 Ctrl+S 组合键。

当对设计好的作品进行第一次存储时，启用"存储"命令，系统将弹出"另存为"对话框，如图 1-29 所示，在对话框中，输入文件名并选择文件格式，单击"保存"按钮，即可将图像保存。

提示

当对图像文件进行编辑操作后，选择"存储"命令，系统不会弹出"另存为"对话框，计算机直接保留最终确认的结果，并覆盖原始文件。因此，在未确定要放弃原始文件之前，应慎用此命令。

若既要保留修改过的文件，又不想放弃原文件，则可以使用"存储为"命令。启用"存储为"命令，有以下几种方法。

→ 选择"文件 > 存储为"命令。

→ 按 Shift+Ctrl+S 组合键。

启用"存储为"命令，系统将弹出"另存为"对话框，在对话框中，可以为修改过的文件重新命名、选择路径和设定格式，然后进行保存。原文件保留不变。

"存储选项"选项组中一些选项的功能如下。

勾选"作为副本"复选框时，可将处理的文件保存为该文件的副本。勾选"注释"复选框时，可保存带有批注

图1-29

的文件。勾选"Alpha 通道"复选框时，可保存带有 Alpha 通道的文件。勾选"专色"复选框时，可保存带有专色通道的文件。勾选"图层"复选框时，可将图层和文件同时保存。

1.3.2 关闭图像

保存图像后，就可以将其关闭了。关闭图像，有以下几种方法。

→ 选择"文件 > 关闭"命令。

→ 按 Ctrl+W 组合键。

→ 单击图像窗口右上方的"关闭"按钮 ✖ 。

关闭图像时，若当前文件被修改过或是新建的文件，则系统会弹出一个提示框，如图 1-30 所示，询问用户是否进行保存，若单击"是"按钮则保存图像。

如果要将打开的图像全部关闭，有以下几种方法。

→ 选择"文件 > 关闭全部"命令。

→ 按 Ctrl+Alt+W 组合键。

→ 按住 Shift 键的同时，单击图像窗口右上方的"关闭"按钮 ✖ 。

图 1-30

1.4　图像的显示效果

使用 Photoshop CC 2019 编辑和处理图像时，可以通过改变图像的显示比例来使工作变得更加便捷、高效。

1.4.1　100%显示图像

100%显示图像，如图 1-31 所示。在此状态下可以对文件进行精确的编辑。

1.4.2　放大显示图像

放大显示图像有利于观察图像的局部细节并更准确地编辑图像。放大显示图像，有以下几种方法。

图 1-31

➡ 使用"缩放"工具。选择工具箱中的"缩放"工具 🔍，工作区域中的鼠标指针变为放大工具 ⊕ 图标，每单击一次鼠标，图像就会放大原图的一倍。例如，图像以 100% 的比例显示在屏幕上，单击放大工具 ⊕ 一次，则图像的比例变成 200%，再单击一次，则变成 300%，如图 1-32 和图 1-33 所示。当要放大一个指定的区域时，先选择放大工具 ⊕，然后把放大工具定位在要放大的区域，按住鼠标左键并拖动鼠标，使画出的矩形框选住所需的区域，然后松开鼠标左键，这个区域就会放大显示并填满图像窗口，如图 1-34 和图 1-35 所示。

图 1-32　　　　　　　图 1-33　　　　　　　图 1-34　　　　　　　图 1-35

➡ 使用快捷键。按 Ctrl + "+" 组合键，可逐次地放大图像。

➡ 使用属性栏。如果希望将图像的窗口放大填满整个屏幕，可以在缩放工具的属性栏中单击"适合屏幕"按钮 适合屏幕 ，再勾选"调整窗口大小以满屏显示"复选框，如图 1-36 所示。这样在放大图像时，窗口就会和屏幕的尺寸相适应，效果如图 1-37 所示。单击"100%"按钮 100% ，图像就会以实际像素比例显示；单击"填充屏幕"按钮 填充屏幕 ，可以缩放图像以适合屏幕。

图 1-36

➡ 使用"导航器"控制面板。用户也可以在"导航器"控制面板中对图像进行放大或缩小，选择"窗口 > 导航器"命令，弹出"导航器"控制面板，如图 1-38 所示。单击控制面板右下角较大的三角 ▲ 图标，可逐次地放大图像。单击控制面板左下角较小的三角 ▲ 图标，可逐次地缩小图像。拖拉滑块可以自由地将图像放大或缩小。在左下角的数值框中直接输入数值后，按 Enter 键确定，也可以将图像放大或缩小。

图 1-37

图 1-38

用鼠标双击"抓手"工具 🖐️，可以把整个图像放大成"满画布显示"效果。当正在使用工具箱中的其他工具时，按住 Ctrl+Spacebar（空格）组合键，可以快速调用"放大"工具 🔍，进行放大显示的操作。

1.4.3 缩小显示图像

缩小显示，可使图像变小，这样一方面可以用有限的屏幕空间显示更多的图像，另一方面可以看到一个较大图像的全貌。缩小显示图像，有以下几种方法。

➡️ 使用"缩放"工具 🔍。选择工具箱中的"缩放"工具 🔍，工作区域中鼠标指针变为放大工具 🔍 图标，按住 Alt 键，则屏幕上的缩放工具 🔍 图标变为缩小工具 🔍 图标。每单击一次鼠标，图像将缩小显示一级，如图 1-39 所示。

图 1-39

➡️ 使用属性栏。在"缩放"工具的属性栏中单击缩小按钮 🔍，如图 1-40 所示，则屏幕上的缩放工具图标变为缩小工具图标 🔍。每单击一次鼠标，图像将缩小显示一级。

图 1-40

➡️ 使用快捷键。按 Ctrl + "-"组合键，可逐次地缩小图像。

 当正在使用工具箱中的其他工具时，按住 Alt+Spacebar（空格）组合键，可以快速调用"缩小"工具 🔍，进行缩小显示的操作。

1.4.4 全屏显示图像

全屏显示图像可以更好地观察图像的完整效果。全屏显示图像有以下几种方法。

➡️ 单击工具箱中的"更改屏幕模式"按钮 ⬜，弹出屏幕模式快捷菜单，包括标准屏幕模式、带有菜单栏的全屏模式和全屏模式。

➡️ 使用快捷键。反复按 F 键，可以切换不同的屏幕模式效果，如图 1-41 ~ 图 1-43 所示。按

Tab 键，可以关闭除图像和菜单外的其他控制面板，效果如图 1-44 所示。

图 1-41

图 1-42

图 1-43

图 1-44

1.4.5　图像窗口显示

当打开多个图像文件时，会出现多个图像文件窗口，这就需要对窗口进行布置和摆放。

用鼠标双击 Photoshop CC 2019 界面，弹出"打开"对话框。在"打开"对话框中，按住 Ctrl 键的同时，单击要打开的文件，如图 1-45 所示，然后单击"打开"按钮，效果如图 1-46 所示。

图 1-45 图 1-46

按 Tab 键，关闭界面中的工具箱和控制面板，如图 1-47 所示。选择"窗口 > 排列 > 在窗口中浮动"命令，图像的排列效果如图 1-48 所示。

图 1-47 图 1-48

选择"窗口 > 排列 > 层叠"命令，图像的排列效果如图 1-49 所示。选择"窗口 > 排列 > 平铺"命令，图像的排列效果如图 1-50 所示。

图 1-49 图 1-50

1.4.6 观察放大图像

可以将图像进行放大以便观察。选择工具箱中的"缩放"工具 🔍，在工作区域中鼠标指针变为放大工具 🔍 图标后，放大图像，图像周围会出现滚动条。

观察放大图像，有以下几种方法。

➡ 应用"抓手"工具 ✋。选择工具箱中的"抓手"工具 ✋，工作区域中鼠标指针变为抓手，在放大的图像中拖曳，可以观察图像的每个部分，效果如图 1-51 所示。

➡ 拖曳滚动条。直接用鼠标拖曳图像周围的垂直或水平滚动条，可以观察图像的每个部分，效果如图 1-52 所示。

图 1-51

图 1-52

> **技巧**
>
> 如果正在使用其他工具进行工作，按住 Spacebar（空格）键，可以快速调用"抓手"工具 ✋。

1.5 标尺、参考线和网格线的设置

标尺、参考线和网格线的设置可以使图像处理变得更加精确。有许多实际设计任务中的问题也需要使用标尺和网格线来解决。

1.5.1 标尺的设置

设置标尺可以精确地编辑和处理图像。选择"编辑 > 首选项 > 单位与标尺"命令，如图 1-53 所示。"单位"选项组用于设置标尺和文字的显示单位，有不同的显示单位可供选择；"列尺寸"选项组可以用列来精确地确定图像的尺寸；"点/派卡大小"选项组则与输出有关。

图 1-53

选择"视图 > 标尺"命令，或反复按 Ctrl+R 组合键，可以显示或隐藏标尺，如图 1-54 和图 1-55 所示。

图 1-54　　　　　　　　　　　　　图 1-55

将鼠标指针放在标尺的 x 轴和 y 轴的 0 点处，如图 1-56 所示。单击并按住鼠标左键不放，拖曳光标到适当的位置，如图 1-57 所示，松开鼠标左键，标尺的 x 轴和 y 轴的 0 点就会处于鼠标指针移动到的位置，如图 1-58 所示。

图 1-56　　　　　　　　　图 1-57　　　　　　　　　图 1-58

1.5.2　参考线的设置

设置参考线可以使编辑图像的位置更精确。将鼠标指针放在水平标尺上，按住鼠标左键不放，可以拖曳出水平的参考线，效果如图 1-59 所示。将鼠标指针放在垂直标尺上，按住鼠标左键不放，可以拖曳出垂直的参考线，效果如图 1-60 所示。

图 1-59　　　　　　　　　　　　　图 1-60

按住 Alt 键，可以从水平标尺中拖曳出垂直参考线，也可以从垂直标尺中拖曳出水平参考线。

选择"视图 > 显示 > 参考线"命令（只有在参考线存在的前提下此命令才能应用），或反复按 Ctrl +；组合键，可以将参考线显示或隐藏。

选择工具箱中的"移动"工具，将鼠标指针放在参考线上，指针由"移动"工具图标变为，或，按住鼠标左键拖曳可以移动参考线。

选择"视图 > 锁定参考线"命令或按 Alt+Ctrl+；组合键，可以将参考线锁定，锁定后参考线便不能移动。选择"视图 > 清除参考线"命令，可以将参考线清除。选择"视图 > 新建参考线"命令，弹出"新建参考线"对话框，如图 1-61 所示，设定后单击"确定"按钮，图像中出现新建的参考线。

图 1-61

提示 在实际制作过程中，要精确设置标尺和参考线，可以在设定标尺和参考线时参考"信息"控制面板中的数值进行设定。

1.5.3　网格线的设置

设置网格线可以更精确地处理图像，设置方法如下。

选择"编辑 > 首选项 > 参考线、网格和切片"命令，如图 1-62 所示。"参考线"选项组用于设定参考线的颜色和样式；"网格"选项组用于设定网格的颜色、样式、网格线间隔和子网格等；"切片"选项组用于设定线条颜色和显示切片编号。

打开一张图片，显示标尺，效果如图 1-63 所示，选择"视图 > 显示 > 网格"命令，或反复按 Ctrl+'组合键，可以将网格显示或隐藏，如图 1-64 所示。

图 1-62

图 1-63

图 1-64

1.6　图像和画布尺寸的调整

在完成平面设计任务的过程中，经常需要调整图像尺寸。下面具体讲解图像和画布尺寸的调整方法。

1.6.1　图像尺寸的调整

打开一幅图像，如图 1-65 所示，选择"图像 > 图像大小"命令，系统将弹出"图像大小"对话框，如图 1-66 所示。

图1-65　　　　　　　　　　　　　　　　　　图1-66

"图像大小"选项：通过改变"宽度""高度"和"分辨率"选项的数值，可改变图像的文档大小，图像的尺寸也相应改变。

"缩放样式 ✿"选项：选择此选项后，若在图像操作中添加了图层样式，可以在调整大小时自动缩放样式大小。

"尺寸"选项：指图像的宽度和高度上的总像素数。单击尺寸右侧的 ⌄ 按钮，可以改变计量单位。

"调整为"选项：指选取预设以调整图像大小。

"约束比例"选项 ⌷：单击"宽度"和"高度"选项，左侧出现锁链标志 ⌷，表示改变其中一项设置时，两项会成比例地同时改变。

"分辨率"选项：指位图图像中的细节精细度，计量单位是像素/英寸（ppi），每英寸的像素越多，分辨率越高。

"重新采样"选项：不勾选此复选框，尺寸的数值将不会改变，"宽度""高度"和"分辨率"选项的左侧将出现锁链标志 ⌷，如图 1-67 所示，改变数值时三项会同时改变。

图1-67

在"图像大小"对话框中，如果要改变选项数值的计量单位，可在选项右侧的下拉列表中进行选择，如图 1-68 所示。单击"调整为"选项右侧的按钮 ⌄，在弹出的下拉菜单中选择"自动分辨率"命令，弹出"自动分辨率"对话框，系统将自动调整图像的分辨率和品质效果，如图 1-69 所示。

图 1-68

图 1-69

1.6.2 画布尺寸的调整

图像画布尺寸的大小是指当前图像周围的工作空间的大小。

选择"图像 > 画布大小"命令，系统将弹出"画布大小"对话框，如图 1-70 所示。"当前大小"选项组用于显示当前文件的大小和尺寸；"新建大小"选项组用于重新设定图像画布的大小；"定位"选项则可调整图像在新画面中的位置，如偏左、居中或偏右下等，如图 1-71 所示。

图 1-70

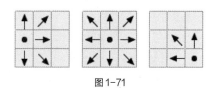

图 1-71

调整画布大小的效果对比如图 1-72 所示。

图1-72

在"画布扩展颜色"选项的下拉列表中可以选择填充图像周围扩展部分的颜色，在列表中可以选择前景色、背景色或 Photoshop CC 2019 中的默认颜色，也可以自己调整所需颜色。在对话框中进行设置，如图 1-73 所示，单击"确定"按钮，效果如图 1-74 所示。

图1-73

图1-74

1.7 设置绘图颜色

在 Photoshop CC 2019 中，可以根据设计和绘图的需要设置多种不同的颜色。

1.7.1 使用色彩控制工具设置颜色

工具箱中的色彩控制工具可以用于设定前景色和背景色。单击切换标志↰或按 X 键可以互换前景色和背景色；单击初始化图标▣或按 D 键，可以使前景色和背景色恢复到初始状态，前景色为黑色、背景色为白色；单击前景或背景色控制框，系统将弹出图 1-75 所示的"拾色器"对话框，可以在此选取颜色。

在"拾色器"对话框中设置颜色，有以下几种方法。

➡ 使用颜色滑块和颜色选择区选择颜色。用鼠标在颜色色相区域内单击或拖曳两侧的三角形滑块，如图 1-76 所示，都可以使颜色的色相产生变化。

图 1-75

图 1-76

在"拾色器"对话框左侧的颜色选择区中，可以选择颜色的明度和饱和度，垂直方向表示的是明度的变化，水平方向表示的是饱和度的变化。

选择好颜色后，在对话框右侧上方的颜色框中会显示所选择的颜色，右侧下方是所选择颜色的 HSB、RGB、CMYK、Lab 值，单击"确定"按钮，所选择的颜色将变为工具箱中的前景色或背景色。

➡ 使用颜色库按钮选择颜色。在"拾色器"对话框中单击"颜色库"按钮（ 颜色库 ），弹出"颜色库"对话框，如图 1-77 所示。在"颜色库"对话框中，"色库"选项的下拉列表中是一些常用的印刷颜色体系，如图 1-78 所示。其中"TRUMATCH"是为印刷设计提供服务的印刷颜色体系。

在颜色色相区域内单击或拖曳两侧的三角形滑块，可以使颜色的色相产生变化。在颜色选择区中选择带有编码的颜色，在对话框的右侧上方颜色框中会显示所选择的颜色，右侧下方是所选择颜色的 CMYK 值。

选择好颜色后，单击"拾色器"按钮，返回到"拾色器"对话框。

图 1-77

图 1-78

图 1-79

➡ 通过输入数值选择颜色。在"拾色器"对话框中，右侧下方的 HSB、RGB、CMYK、Lab 色彩模式后面，都有可以输入数值的数值框，在其中输入所需颜色的数值也可以得到希望的颜色。

勾选对话框左下方的"只有 Web 颜色"选项，颜色选择区中将出现供网页使用的颜色，如图 1-79 所示，在右侧的 # 33ff66 中，显示的是网页颜色的数值。

1.7.2　使用"吸管"工具设置颜色

可以使用"吸管"工具吸取图像中的颜色来确定要设置的颜色。下面讲解具体的设置方法。

1．吸管工具

使用"吸管"工具 可以在图像或"颜色"控制面板中吸取颜色，并可在"信息"控制面板中观察像素点的色彩信息。选择"吸管"工具 ，属性栏将显示图 1-80 所示的状态。在"吸管"工具属性栏中，"取样大小"选项用于设定取样点的大小。

图 1-80

启用"吸管"工具 ，有以下几种方法。

➡ 单击工具箱中的"吸管"工具 。

➡ 按 I 键或反复按 Shift+I 组合键。

打开一幅图像，启用"吸管"工具 ，在图像中需要的位置单击鼠标左键，前景色将变为吸管吸取的颜色，在"信息"控制面板中可以观察到吸取颜色的色彩信息，如图 1-81 所示。

2．颜色取样器工具

使用"颜色取样器"工具 可以在图像中对需要的色彩进行取样，最多可以对 4 个颜色点进行取样。取样的结果会出现在"信息"控制面板中。使用"颜色取样器"工具 可以获得更多的色彩信息。选择"颜色取样器"工具 ，属性栏将显示图 1-82 所示的状态。

图 1-81

启用 "颜色取样器" 工具 ，有以下几种方法。

➡ 单击工具箱中的 "颜色取样器" 工具 。

➡ 反复按 Shift+I 组合键。

图 1-82

启用 "颜色取样器" 工具 ，打开一幅图像，在图像中需要的位置单击鼠标左键 4 次，如图 1-83 所示。在 "信息" 控制面板中将记录下 4 次取样的色彩信息，效果如图 1-84 所示。

将颜色取样器形状的鼠标指针放在取样点中，指针变成移动图标，按住鼠标左键不放，拖动鼠标可以将取样点移动到适当的位置，如图 1-85 所示。移动后 "信息" 控制面板中的记录会改变，如图 1-86 所示。

图 1-83

图 1-84

图 1-85

图 1-86

单击颜色取样器属性栏中的 "清除" 按钮，或按住 Alt 键的同时单击取样点，都可以删除取样点。

1.7.3　使用 "颜色" 控制面板设置颜色

"颜色" 控制面板可以用来改变前景色和背景色。选择 "窗口 > 颜色" 命令，或按 F6 键，系统将弹出 "颜色" 控制面板，如图 1-87 所示。

　　在控制面板中，可先单击左侧的前景色或背景色图标■以确定所调整的是前景色还是背景色，然后拖曳三角滑块或在颜色栏中选择所需的颜色，或直接在颜色的数值框中输入数值调整颜色。

　　单击控制面板右上方的图标▤，系统将弹出"颜色"控制面板的下拉命令菜单，如图1-88所示。此菜单用于设定控制面板中显示的颜色模式，可以在不同的颜色模式中调整颜色。

图1-87　　　　　　　　　　　　图1-88

1.7.4　使用"色板"控制面板设置颜色

　　"色板"控制面板可以用来选取一种颜色以改变前景色或背景色。选择"窗口 > 色板"命令，系统将弹出"色板"控制面板，如图1-89所示。

　　此外，单击控制面板右上方的图标▤，系统将弹出"色板"控制面板的下拉命令菜单，如图1-90所示。

图1-89　　　　　　　　　　　　图1-90

新建色板：用于新建一个色板。小型缩览图：可使控制面板显示最小型图标。小/大缩览图：可使控制面板显示为小/大图标。小/大列表：可使控制面板显示为小/大列表。显示最近颜色：可显示最近使用的颜色。预设管理器：用于对色板中的颜色进行管理。复位色板：用于恢复系统的初始设置状态。载入色板：用于向"色板"控制面板中增加色板文件。存储色板：用于将当前"色板"控制面板中的色板文件存入硬盘。存储色板以供交换：用于将当前"色板"控制面板中的色板文件存入硬盘并供交换使用。替换色板：用于替换"色板"控制面板中现有的色板文件。"ANPA 颜色"选项以下都是配置的颜色库。

在工具箱中将"前景色"选项设为橘黄色（#F8A20C），如图 1-91 所示。在"色板"控制面板中，如果将鼠标指针移到空白颜色处，指针会变为油漆桶图标，如图 1-92 所示。此时，单击鼠标，系统将弹出"色板名称"对话框，如图 1-93 所示。单击"确定"按钮，就可将前景色添加到"色板"控制面板中了，如图 1-94 所示。

图 1-91　　　　　　　　图 1-92　　　　　　　　　　　　　　　　图 1-93

在"色板"控制面板中，如果将鼠标指针移到颜色处，指针会变为吸管图标，如图 1-95 所示。此时，单击鼠标，将设置吸取的颜色为前景色，如图 1-96 所示。

图 1-94　　　　　　　　　　图 1-95　　　　　　　　图 1-96

1.8　了解图层的含义

在 Photoshop CC 2019 中，图层有着非常重要的作用，要对图像进行编辑就不能离开图层。

选择"文件 > 打开"命令，弹出"打开"对话框，选择需要的文件，如图 1-97 所示。单击"打开"按钮，将图像文件在 Photoshop CC 2019 中打开，效果如图 1-98 所示。

图 1-97　　　　　　　　　　　　　　　　　　　图 1-98

　　打开文件后，在"图层"控制面板中已经有了多个图层，在每个图层上都有一个小的缩略图像，如图 1-99 所示。若只想看到背景层上的图像，则可用鼠标左键依次在其他层的眼睛图标 ● 上单击，其他层即被隐藏，如图 1-100 所示。图像窗口中只显示背景层中的图像效果，如图 1-101 所示。

　　在"图层"控制面板中，上面图层中的图像会以一定的方式覆盖在下面图层中的图像上，这些图层重叠在一起并显示在图像视窗中，就会形成一幅完整的图像。Photoshop CC 2019 中的图层最底部是背景层，往上都是透明层，在每一层中可以放置不同的图像，上面的图层将影响下面的图层，修改其中某一图层不会改动其他图层。

图 1-99　　　　　　　　　　图 1-100　　　　　　　　　　图 1-101

1.8.1　认识"图层"控制面板

　　使用"图层"控制面板可以用来搜索图层、显示和隐藏图层、创建新图层以及处理图层组。打开一幅图像，选择"窗口 > 图层"命令，或按 F7 键，系统将弹出"图层"控制面板，如图 1-102 所示。

　　在"图层"控制面板上方的两个系统按钮分别是"折叠为图标"按钮 ◀◀ 和"关闭"按钮 ✖ 。单击"折叠为图标"按钮 ◀◀ 可以显示和隐藏"图层"控制面板，单击"关闭"按钮 ✖ 可以关闭"图层"控制面板。

　　图层搜索功能：在 🔍 类型　 ▾ 框中可以选取 9 种不同的搜索方式，如图 1-103 所示。

　　➡ 类型：可以通过单击"像素图层过滤器"按钮 🖾 、"调整图层过滤器"按钮 ◓ 、"文字图层过滤器"按钮 Ｔ 、"形状图层过滤器"按钮 ❐ 和"智能对象过滤器"按钮 🔖 来搜索需要的图层类型。

　　➡ 名称：可以在右侧的框中输入图层名称来搜索图层。

图 1-102　　　　　　　　图 1-103

→ 效果：通过图层应用的图层样式来搜索图层。

→ 模式：通过图层设定的混合模式来搜索图层。

→ 属性：通过图层的可见性、锁定、链接、混合和蒙版等属性来搜索图层。

→ 颜色：通过不同的图层颜色来搜索图层。

→ 智能对象：通过图层中不同智能对象的链接方式来搜索图层。

→ 选定：通过选定的图层来搜索图层。

→ 画板：通过画板来搜索图层。

图层的混合模式 正常 ⌄ ：用于设定图层的混合模式，共包含有 27 种混合模式。

→ 不透明度：用于设定图层的不透明度。

→ 填充：用于设定图层的填充百分比。

→ 眼睛图标 ◉：用于打开或隐藏图层中的内容。

→ 锁链图标 ⇔：表示图层与图层之间的链接关系。

→ 图标 T：表示此图层为可编辑的文字层。

→ 图标 fx：表示为图层添加了样式。

在"图层"控制面板的上方有 5 个工具图标，如图 1-104 所示。

锁定：⊠ ✎ ✛ ⊏ 🔒

图 1-104

→ 锁定透明像素 ⊠：用于锁定当前图层中的透明区域，使透明区域不能被编辑。

→ 锁定图像像素 ✎：使当前图层和透明区域不能被编辑。

→ 锁定位置 ✛：使当前图层不能被移动。

→ 防止在画板和画框内外自动嵌套 ⊏：锁定画板在画布上的位置，阻止在画板内部或外部自动嵌套。

→ 锁定全部 🔒：使当前图层或序列完全被锁定。

在"图层"控制面板的下方有 7 个工具按钮图标，如图 1-105 所示。

⇔ fx ◻ ◐ ◻ ◻ 🗑

图 1-105

→ 链接图层 ⇔：使所选图层和当前图层成为一组，当对一个链接图层进行操作时，将影响一组链接图层。

→ 添加图层样式 fx：为当前图层添加图层样式效果。

→ 添加图层蒙版 ◻：将在当前层上创建一个蒙版。在图层蒙版中，黑色代表隐藏图像，白色代表显示图像。可以使用画笔等绘图工具对蒙版进行绘制，还可以将蒙版转换成选择区域。

→ 创建新的填充或调整图层 ◐：可对图层进行颜色填充和效果调整。

→ 创建新组 ◻：用于新建一个文件夹，可在其中放入图层。

➡ 创建新图层 🔲：用于在当前图层的上方创建一个新层。

➡ 删除图层 🗑：可以将不需要的图层拖曳到此处进行删除。

1.8.2　认识"图层"菜单

图层菜单用于对图层进行不同的操作。单击"图层"控制面板右上方的图标🔳，弹出命令菜单，如图 1-106 所示。可以使用各种命令对图层进行操作，当选择不同的图层时，"图层"菜单的状态也可能不同，对图层不起作用的命令和菜单会显示为灰色。

1.8.3　新建图层

新建图层，有以下几种方法。

➡ 使用"图层"控制面板弹出式菜单。单击"图层"控制面板右上方的图标🔳，在弹出的菜单中选择"新建图层"命令，系统将弹出"新建图层"对话框，如图 1-107 所示。

"名称"选项用于设定新图层的名称，可以选择与前一图层编组。勾选"使用前一图层创建剪贴蒙版"复选框，可以与前一图层创建剪贴蒙版。"颜色"选项可以设定新图层的颜色。"模式"选项用于设定当前图层的合成模式。"不透明度"选项用于设定当前图层的不透明度值。

图 1-106

图 1-107

➡ 使用"图层"控制面板按钮或快捷键。单击"图层"控制面板中的"创建新图层"按钮 🔲，可以创建一个新图层。按住 Alt 键，单击"图层"控制面板中的"创建新图层"按钮 🔲，系统将弹出"新建图层"对话框。

➡ 使用菜单"图层"命令或快捷键。选择"图层 > 新建 > 图层"命令，或者按 Shift+Ctrl+N 组合键，系统将弹出"新建图层"对话框。

1.8.4　复制图层

复制图层有以下几种方法。

➡ 使用"图层"控制面板弹出式菜单。单击"图层"控制面板右上方的图标🔳，在弹出的菜单中选择"复制图层"命令，系统将弹出"复制图层"对话框，如图 1-108 所示。"为"选项用于设定复制图层的名称；"文档"选项用于设定复制图层的文件来源。

图 1-108

➡ 使用"图层"控制面板按钮。将"图层"控制面板中需要复制的图层拖曳到下方的"创建新图层"按钮 🔲 上，可以将所选的图层复制为一个新图层。

➡ 使用"图层"菜单命令。选择"图层 > 复制图层"命令，系统将弹出"复制图层"对话框。

➡ 使用鼠标拖曳的方法复制不同图像之间的图层。打开目标图像和需要复制的图像。将需要复制图像的图层拖曳到目标图像的图层中，图层复制完成。

1.8.5 删除图层

删除图层有以下几种方法。

➡ 使用"图层"控制面板弹出式菜单。单击"图层"控制面板右上方的图标▤，在弹出的菜单中选择"删除图层"命令，系统将弹出提示对话框，如图 1-109 所示，单击"是"按钮，删除图层。

➡ 使用"图层"控制面板按钮。单击"图层"控制面板中的"删除图层"按钮🗑，系统将弹出提示对话框，单击"是"按钮，删除图层。或将需要删除的图层拖曳到"删除图层"按钮🗑上，也可以删除该图层。

图 1-109

➡ 使用"图层"菜单命令。选择"图层 > 删除 > 图层"命令，系统将弹出提示对话框，单击"是"按钮，删除图层。选择"图层 > 删除 > 隐藏图层"命令，系统将弹出提示对话框，单击"是"按钮，删除隐藏的图层。

1.9 恢复操作的应用

在绘制和编辑图像的过程中，用户经常会错误地执行一个步骤或对制作的一系列效果不满意。当希望恢复到前一步或原来的图像效果时，就要用到恢复操作命令。

1.9.1 恢复到上一步的操作

在编辑图像的过程中可以随时将操作返回到上一步，也可以还原图像到恢复前的效果。

启用"还原"命令，有以下几种方法。

➡ 选择"编辑 > 还原"命令。

➡ 按 Ctrl+Z 组合键。按 Ctrl+Z 组合键，可以恢复到图像的上一步操作。如果想还原图像到恢复前的效果，再次按 Ctrl+Z 组合键即可。

1.9.2 中断操作

当 Photoshop CC 2019 正在进行图像处理时，按 Esc 键，即可中断正在进行的操作。

1.9.3 恢复到操作过程的任意步骤

在绘制和编辑图像的过程中，有时需要将操作恢复到某一个阶段。

1. 使用"历史记录"控制面板进行恢复

"历史记录"控制面板可以将进行过多次处理操作的图像恢复到任意一步操作前的状态，即所谓的"多次恢复功能"。其系统默认值为恢复 20 次及 20 次以内的所有操作，但如果计算机的内存足够大的话，还可以将此值设置得更大一些。选择"窗口 > 历史记录"命令，系统将弹出"历史记录"控制面板，如图 1-110 所示。

在控制面板下方的按钮由左至右依次为"从当前状态创建新文档"按钮📄、"创建新快照"按钮📷和"删除当前状态"按钮🗑。此外，单击控制面板右上方的图标▤，系统将弹出"历史记录"控制面板的下拉命令菜单，如图 1-111 所示。

图 1-110   图 1-111

在"历史记录"控制面板中单击记录过程中的任意一个操作步骤，图像就会恢复到该画面的效果。选择"历史记录"控制面板下拉菜单中的"前进一步"命令或按 Ctrl+Shift+Z 组合键，可以向下移动一个操作步骤，选择"后退一步"命令或按 Ctrl+Alt+Z 组合键，可以向上移动一个操作步骤。

在"历史记录"控制面板中单击"创建新快照"按钮 ，可以将当前的图像保存为新快照，新快照可以在"历史记录"控制面板中的历史记录被清除后对图像进行恢复。在"历史记录"控制面板中单击"从当前状态创建新文档"按钮 ，可以为当前状态的图像或快照复制一个新的图像文件。在"历史记录"控制面板中单击"删除当前状态"按钮 ，可以对当前状态的图像或快照进行删除。

在"历史记录"控制面板的默认状态下，如果选择从中间的操作步骤后进行图像的新操作，那么中间操作步骤后的所有步骤记录都会被删除。

2. 使用历史记录画笔工具进行恢复

历史记录画笔工具是与"历史记录"控制面板结合起来使用的，主要用于将图像的部分区域恢复到以前某一历史状态，以形成特殊的图像效果。

选择工具箱中的"历史记录画笔"工具 ，属性栏将显示图 1-112 所示的状态。在"历史记录画笔"工具属性栏中，"画笔预设"选项用于选择画笔，"模式"选项用于选择混合模式，"不透明度"选项用于设定不透明度，"流量"选项用于设定扩散的速度。

图 1-112

打开一幅图片，为图片添加晶格化滤镜效果，如图 1-113 所示，图像操作的过程中，在"历史记录"控制面板的画面中设置历史记录画笔，如图 1-114 所示。

如果想要恢复到设置历史记录画笔时的图像效果，选择"历史记录画笔"工具 ，在图像中拖曳鼠标，即可擦除图像，如图 1-115 和图 1-116 所示。

图 1-113   图 1-114   图 1-115   图 1-116

02 第 2 章
图像处理基础知识

本章将详细讲解使用 Photoshop CC 2019 处理图像时，需要掌握的一些基本知识。读者要重点掌握图像文件的模式、格式等知识。

课堂学习目标

- ✔ 了解像素的概念
- ✔ 了解位图和矢量图
- ✔ 了解不同的分辨率
- ✔ 熟悉图像的不同色彩模式
- ✔ 了解将 RGB 模式转换成 CMYK 模式的方法和时机
- ✔ 了解常用的图像文件格式

2.1 像素的概念

在 Photoshop CC 2019 中，像素是图像的基本单位。图像是由许多个小方块组成的，每一个小方块就是一个像素，每一个像素只显示一种颜色。它们都有自己明确的位置和色彩数值，即这些小方块的颜色和位置就决定该图像所呈现的样子。文件包含的像素数越多，文件的容量就越大，图像品质就越好。

2.2 位图和矢量图

图像文件可以分为位图图像和矢量图图像两大类。在绘图或处理图像的过程中，这两种类型的图像可以相互交叉使用。

2.2.1 位图

位图是由许多不同颜色的小方块组成的，每一个小方块称为像素，每一个像素有一个明确的颜色。

位图采取点阵的方式，使每个像素都能够记录图像的色彩信息，因而可以精确地表现色彩丰富的图像。但图像的色彩越丰富，图像的像素就越多，文件也就越大，因此，处理位图图像时，对计算机硬盘和内存的要求也比较高。

位图图像与分辨率有关，如果以较大的倍数放大显示图像，或以过低的分辨率打印图像，图像都会出现锯齿状的边缘，并且会丢失细节，效果如图 2-1 和图 2-2 所示。

图2-1   图2-2

2.2.2 矢量图

矢量图是以数学的矢量方式来记录图像内容的。矢量图像中的图形元素称为对象，每个对象都是独立的，具有各自的属性。矢量图是由各种线条、曲线或是文字组合而成，使用 Illustrator、CorelDRAW 等绘图软件制作的图形都是矢量图。

矢量图图像与分辨率无关，可以将它缩放到任意大小，其清晰度不变，也不会出现锯齿状的边缘。在任何分辨率下显示或打印矢量图，都不会损失图片的细节，效果如图 2-3 和图 2-4 所示。矢量图的文件所占的容量虽较少，但这种图像的缺点是不易制作色调丰富的图像，而且绘制出来的图形无法像位图那样精确地描绘各种绚丽的景象。

图 2-3   图 2-4

2.3 分辨率

分辨率是用于描述图像文件信息的术语。在 Photoshop CC 2019 中，图像上每单位长度所能显示的像素数目，称为图像的分辨率，其单位为像素/英寸或是像素/厘米。

2.3.1 图像分辨率

在 Photoshop CC 2019 中，图像中每单位长度上的像素数目，称为图像的分辨率，其单位为像素/英寸或像素/厘米。

在相同尺寸的两幅图像中，高分辨率的图像包含的像素比低分辨率的图像包含的像素多。例如，一幅尺寸为 1 英寸×1 英寸的图像，其分辨率为 72 像素/英寸，这幅图像包含 5 184 个像素（72×72＝5 184）。同样尺寸，分辨率为 300 像素/英寸的图像，图像包含 90 000 个像素。相同尺寸下，分辨率为 72 像素/英寸的图像效果如图 2-5 所示，分辨率为 10 像素/英寸的图像效果如图 2-6 所示。由此可见，在相同尺寸下，高分辨率的图像能更清晰地表现图像内容。

图 2-5   图 2-6

分辨率常用像素/英寸，1 英寸=2.54 厘米，72 像素/厘米=183 像素/英寸。

2.3.2 屏幕分辨率

屏幕分辨率是显示器上每单位长度显示的像素或点的数目。屏幕分辨率取决于显示器的大小及其像素设置。显示器的分辨率一般为 72 像素/英寸。在 Photoshop CC 2019 中，图像像素被直接转换成显示器像素，当图像分辨率高于显示器分辨率时，屏幕中显示出的图像比实际尺寸大。

2.3.3　输出分辨率

输出分辨率是照排机或激光打印机等输出设备产生的每英寸的油墨点数（dpi）。为获得好的效果，使用的图像分辨率应与打印机分辨率成正比。

2.4　图像的色彩模式

Photoshop CC 2019 提供了多种色彩模式，这些色彩模式正是作品能够在屏幕和印刷品上成功表现的重要保障。在这些色彩模式中，经常使用到的有 CMYK 模式、RGB 模式、Lab 模式以及 HSB 模式；另外，还有索引模式、灰度模式、位图模式、双色调模式、多通道模式等。这些模式都可以在模式菜单下选取。每种色彩模式都有不同的色域，并且各个模式之间可以互相转换。下面，将介绍主要的色彩模式。

2.4.1　CMYK 模式

CMYK 代表了印刷上用的 4 种油墨色：C 代表青色，M 代表洋红色，Y 代表黄色，K 代表黑色。CMYK 颜色控制面板如图 2-7 所示。

CMYK 模式在印刷时应用了色彩学中的减法混合原理，即减色色彩模式，它是图片、插图和其他 Photoshop CC 2019 作品中最常用的一种印刷方式。这是因为，在印刷中通常都要进行四色分色，出四色胶片，然后再进行印刷。

图 2-7

2.4.2　RGB 模式

与 CMYK 模式不同的是，RGB 模式是一种加色模式，它通过红、绿、蓝 3 种色光相叠加而形成更多的颜色。RGB 是色光的彩色模式，一幅 24bit 的 RGB 模式图像有 3 个色彩信息的通道：红色（R）、绿色（G）和蓝色（B）。RGB 颜色控制面板如图 2-8 所示。

图 2-8

每个通道都有 8 bit 的色彩信息——一个 0~255 的亮度值色域。也就是说，每一种色彩都有 256 个亮度水平级。3 种色彩相叠加，可以有 256×256×256≈1 678 万种可能的颜色。这 1 678 万种颜色足以表现出绚丽多彩的世界。在 Photoshop CC 2019 中编辑图像时，RGB 色彩模式应是最佳的选择。

2.4.3　Lab 模式

Lab 模式是 Photoshop CC 2019 中的一种国际色彩标准模式。它由 3 个通道组成：一个通道是透明度，即 L；其他两个是色彩通道，即色相与饱和度，用 a 和 b 表示。a 通道包括的颜色值从深绿到灰，再到亮粉红色；b 通道是从亮蓝色到灰，再到焦黄色。这种颜色混合后将产生明亮的色彩。

2.4.4　HSB 模式

HSB 模式只有在颜色吸取窗口中才会出现。H 代表色相，S 代表饱和度，B 代表亮度。色相的意思是纯色，即组成可见光谱的单色。红色为 0 度，绿色为 120 度，蓝色为 240 度。饱和度代表色彩的纯度。饱和度为 0 时即为灰色，黑、白、灰 3 种色彩没有饱和度。亮度是色彩的明亮程度。最大亮度是色彩最鲜明的状态。黑色的亮度为 0。

2.4.5　索引颜色模式

在索引颜色模式下，最多只能存储一个 8 位色彩深度的文件，即最多 256 种颜色。这 256 种颜色存储在可以查看的色彩对照表中。当打开图像文件时，色彩对照表也一同被读入 Photoshop CC 2019 中。Photoshop CC 2019 能在色彩对照表中找出最终的色彩值。

2.4.6　灰度模式

在灰度模式下，每个像素用 8 个二进制位表示，能产生 2 的 8 次方即 256 级灰色调。当一个彩色文件被转换为灰度模式文件时，所有的颜色信息都将从文件中丢失。尽管 Photoshop CC 2019 允许将一个灰度文件转换为彩色模式文件，但不可能将原来的颜色完全还原。所以，当要转换为灰度模式时，应先做好图像的备份。

像黑白照片一样，一个灰度模式的图像只有明暗值，没有色相与饱和度这两种颜色信息。0% 代表白，100% 代表黑。其中的 K 值用于衡量黑色油墨用量。将彩色模式转换为双色调模式或位图模式时，必须先转换为灰度模式，然后由灰度模式转换为双色调模式或位图模式。

2.4.7　位图模式

位图模式为黑白位图模式。黑白位图模式是由黑白两种像素组成的图像，它通过组合不同大小的点，产生一定的灰度级阴影。使用位图模式可以更好地设定网点的大小、形状和角度，更完善地控制灰度图像的打印。

2.4.8　双色调模式

双色调模式是用一种灰色油墨或彩色油墨来渲染一个灰度图像的模式。在这种模式中，最多可以向灰度图像中添加 4 种颜色。这样，就可以打印出比单纯灰度图像更有趣的图像。

2.4.9　多通道模式

多通道模式是由其他色彩模式转换而来的。不同的色彩模式转换后将产生不同的通道数。例如，将 RGB 模式转换成多通道模式时，会产生红、绿、蓝 3 个通道。

2.5　RGB 模式转换 CMYK 模式

如果已经用 Photoshop CC 2019 完成了作品，并要印刷，这时必须将作品模式转换成 CMYK 模式来分色（除非使用少数无法将 CMYK 档案印出的彩色发片机）。

在制作过程中，将作品模式转换成 CMYK 模式可以在以下几个不同的阶段来完成。

➡ 在新建文件时选择 CMYK 四色印刷模式。可以在建立一个新的 Photoshop CC 2019 图像文件时就选择 CMYK 四色印刷模式，如图 2-9 所示。

图 2-9

▶ 让发片部门分色。可以在制作过程中一直使用 RGB 三原色模式，并将其置入排版软件中，让发片部门按照版面编排或分色的公用程式来分色。

▶ 在制作过程中选择 CMYK 四色印刷模式。可以在制作过程中，随时从"图像"菜单下的"模式"子菜单中选取"CMYK 颜色"四色印刷模式。但是一定要注意，在作品转换模式后，就无法再从模式菜单中选 RGB 模式变回原来作品的 RGB 色彩了。因为 RGB 的色彩模式在转换成 CMYK 色彩模式时，色域外的颜色会变暗，这样才会使整个色彩成为可以印刷的文件。因此，在将 RGB 模式转换成 CMYK 模式之前，可以在"视窗"菜单下的"校验设置"子菜单中选择"工作中的 CMYK"命令，预览一下转换成 CMYK 色彩模式后的效果，如果不满意，还可以对图像进行调整。

那么，将 RGB 模式文件转换成 CMYK 模式文件的最佳时机是何时呢？下面，将说明不同转换时机的优缺点，供用户参考。

（1）在建立新的 Photoshop CC 2019 文件时，就选择 CMYK 四色印刷模式。这种方式的优点是能防止最后的颜色失真，因为在整个作品的制作过程中，所制作的图像都在可印刷的色域中。

（2）在 RGB 模式下，制作作品，直到完成。之后再利用其他手段，如在自定色阶、Photoshop CC 2019 的色相/饱和度或曲线下做调整，使 CMYK 模式的转换与 RGB 模式下的色彩尽可能接近。同时，在制作过程中，还应注意 CMYK 的预览视图和四色异常警告。这种在输出之前再做 CMYK 模式转换的方式，其优点是可很自由地去选用各种颜色。

（3）也可以让输出中心应用分色公用程式，将 RGB 模式的作品较完善地转换成 CMYK 模式。其优点是能省去用户很多的时间。但是有时也可能出现问题，如设计人员没有看到输出中心的打样，或发片人员没注意样稿，结果可能造成印刷后的作品和样稿相差较多。

2.6　常用的图像文件格式

用 Photoshop CC 2019 制作或处理好一幅图像后，就要对其进行保存。这时，选择一种合适的文件格式就显得十分重要。Photoshop CC 2019 中有多种文件格式可供选择。在这些文件格式中，既有 Photoshop CC 2019 的专用格式，也有用于应用程序交换的文件格式，还有一些比较特殊的格式。

2.6.1 PSD 格式和 PDD 格式

PSD 格式和 PDD 格式是 Photoshop CC 2019 软件自身的专用文件格式，能够支持从线图到 CMYK 的所有图像类型，但由于在一些图形程序中没有得到很好的支持，所以其通用性不强。PSD 格式和 PDD 格式能够保存图像数据的细节部分，如图层、附加的遮膜通道等 Photoshop CC 2019 对图像进行特殊处理的信息。在没有最终决定图像的存储格式前，最好先以这两种格式存储。另外，Photoshop CC 2019 打开和保存这两种格式的文件较其他格式更快。但是这两种格式也有缺点，就是它们所存储的图像文件特别大，占用磁盘空间较多。

2.6.2 TIF 格式

TIF 格式（TIFF）是标签图像格式。TIF 格式对于色彩通道图像来说是最有用的格式，具有很强的可移植性，它可以用于 PC、Macintosh 及 UNIX 工作站三大平台，是这三大平台上使用最广泛的绘图格式。保存时可在图 2-10 所示的对话框中进行选择。

图 2-10

用 TIF 格式存储时应考虑文件的大小，因为 TIF 格式的结构要比其他格式更大、更复杂。但 TIF 格式支持 24 个通道，能存储多于 4 个通道的文件格式。TIF 格式还允许使用 Photoshop CC 2019 中的复杂工具和滤镜特效。TIF 格式非常适合于印刷和输出。

2.6.3 TGA 格式

TGA 格式与 TIF 格式相同，都可用来处理高质量的色彩通道图像。TGA 格式存储选择对话框如图 2-11 所示。TGA 格式支持 32 位图像，它吸收了广播电视标准的优点，包括 8 位 Alpha 通道。另外，这种格式使 Photoshop CC 2019 软件和 UNIX 工作站相互交换图像文件成为可能。

图 2-11

TGA、TIF、PSD 和 PDD 格式是存储包含通道信息的 RGB 图像最常用的文件格式。

2.6.4 BMP 格式

BMP（Windows Bitmap）格式可以用于绝大多数 Windows 下的应用程序。BMP 格式存储选择对话框如图 2-12 所示。

BMP 格式使用索引色彩，它的图像具有极其丰富的色彩，并可以使用 16MB 色彩渲染图像。BMP 格式能够存储黑白图、灰度图和 16MB 色彩的 RGB 图像等。此格式一般在多媒体演示、视频输出等情况下使用，但不能在 Macintosh 程序中使用。在存储 BMP 格式的图像文件时，还可以进行无损失压缩，能节省磁盘空间。

2.6.5　GIF 格式

GIF 格式的文件比较小，它是一种压缩的 8 位图像文件。因此，一般用这种格式的文件来缩短图形的加载时间。如果在网络中传送图像文件，GIF 格式的图像文件要比其他格式的图像文件快得多。

图 2-12

2.6.6　JPEG 格式

JPEG 格式既是 Photoshop CC 2019 支持的一种文件格式，也是一种压缩方案。它是 Macintosh 上常用的一种存储类型。JPEG 格式是压缩格式中的"佼佼者"，与 TIF 格式采用的 LIW 无损失压缩相比，它的压缩比例更大。但它使用的有损失压缩会丢失部分数据。用户可以在存储前选择图像的最后质量，这样就能控制数据的损失程度了。JPEG 格式存储选择对话框如图 2-13 所示。

在对话框中，单击"品质"选项的下拉列表按钮，可以选择低、中、高和最佳 4 种图像压缩品质。以最佳品质保存图像比其他品质的保存形式占用更大的磁盘空间；而选择低品质保存图像则会损失较多的数据，但占用的磁盘空间较少。

图 2-13

2.6.7　EPS 格式

EPS 格式是 Illustrator 和 Photoshop CC 2019 之间可交换的文件格式。Illustrator 软件制作出来的流动曲线、简单图形和专业图像一般都存储为 EPS 格式。Photoshop CC 2019 可以获取这种格式的文件。在 Photoshop CC 2019 中，也可以把其他图形文件存储为 EPS 格式，供如排版类的 PageMaker 和绘图类的 Illustrator 等其他软件使用。EPS 格式存储选择对话框如图 2-14 所示。

图 2-14

2.6.8　图像文件存储格式的选择

可以根据工作任务的需要对图像文件进行保存，下面就根据图像的不同用途介绍一下它们应该存储的格式。

（1）用于印刷：TIFF、EPS。

（2）作为出版物：PDF。

（3）作为 Internet 图像：GIF、JPEG、PNG。

（4）用于 Photoshop CC 2019 工作：PSD、PDD、TIFF。

03

第 3 章
绘制和编辑选区

本章将详细讲解 Photoshop CC 2019 的绘制和编辑选区功能，对各种选择工具的使用方法和使用技巧进行更细致的说明。读者通过本章的学习要能够熟练应用 Photoshop CC 2019 的选择工具绘制需要的选区，并能应用选区的操作技巧编辑选区。

课堂学习目标

- ✔ 了解选择工具的使用
- ✔ 掌握选区的操作技巧

3.1 选择工具的使用

要想对图像进行编辑，首先要进行选择图像的操作。能够快捷、精确地选择图像，是提高图像处理效率的关键。

3.1.1 选框工具的使用

选框工具可以在图像或图层中绘制规则的选区，选取规则的图像。下面，将具体介绍选框工具的使用方法和操作技巧。

1. 矩形选框工具

使用"矩形选框"工具可以在图像或图层中绘制矩形选区。启用"矩形选框"工具 ⬚ 有以下几种方法。

➡ 单击工具箱中的"矩形选框"工具 ⬚ 。

➡ 按 M 键或反复按 Shift+M 组合键。

启用"矩形选框"工具 ⬚ ，属性栏状态如图 3-1 所示。在"矩形选框"工具属性栏中，⬚ ⬚ ⬚ ⬚ 为选择选区方式选项。"新选区"选项 ⬚ 用于绘制新选区。"添加到选区"选项 ⬚ 用于在原有选区的基础上再增加新的选区。"从选区减去"选项 ⬚ 用于在原有选区的基础上减去新选区的部分。"与选区交叉"选项 ⬚ 用于选择新旧选区重叠的部分。

图 3-1

"羽化"选项用于设定选区边界的羽化程度。"消除锯齿"选项用于清除选区边缘的锯齿。"样式"选项用于选择类型：①"正常"选项为标准类型；②"固定比例"选项用于设定长宽比例来进行选择；③"固定大小"选项则可以通过固定尺寸来进行选择。"宽度"和"高度"选项用来设定宽度和高度。

"矩形选框"工具的使用方法如下。

（1）绘制矩形选区。启用"矩形选框"工具 ⬚ ，在图像中适当的位置单击并按住鼠标左键，拖曳鼠标绘制出需要的选区，松开鼠标左键，矩形选区绘制完成，如图 3-2 所示。

按住 Shift 键的同时，拖曳鼠标在图像中可以绘制出正方形的选区，如图 3-3 所示。

图 3-2

图 3-3

（2）设置矩形选区的羽化值。羽化值为"0"的属性栏如图 3-4 所示，绘制出选区，按住 Alt +
Backspace（或 Delete）组合键，用前景色填充选区，效果如图 3-5 所示。

图 3-4

图 3-5

设定羽化值为"10"后的属性栏如图 3-6 所示，绘制出选区，按住 Alt+Backspace（或 Delete）
组合键，用前景色填充选区，效果如图 3-7 所示。

图 3-6

图 3-7

（3）设置矩形选区的比例。在"矩形选框"工具属性栏中，在"样式"选项的下拉列表中选择"固定
比例"，在"宽度"和"高度"中输入数值，如图 3-8 所示。单击"高度和宽度互换"按钮，可以快捷地
将宽度和高度比例的数值互换。绘制固定比例的选区和互换选区长宽比例后的选区效果如图 3-9 所示。

图 3-8

图 3-9

（4）设置固定尺寸的矩形选区。在"矩形选框"工具属性栏中，在"样式"选项的下拉列表中选择"固定大小"，在"宽度"和"高度"中输入数值，如图 3-10 所示。单击"高度和宽度互换"按钮 ⇄，可以快捷地将宽度和高度的数值互换。绘制固定大小的选区和互换选区的宽高后的效果如图 3-11 所示。

图 3-10

图 3-11

2．椭圆选框工具

使用"椭圆选框"工具可以在图像或图层中绘制出圆形或椭圆形选区。启用"椭圆选框"工具 ○，有以下几种方法。

➡ 单击工具箱中的"椭圆选框"工具 ○。

➡ 反复按 Shift+M 组合键。

启用"椭圆选框"工具 ○，"椭圆选框"工具属性栏将显示图 3-12 所示的状态。

图 3-12

绘制椭圆选区：启用"椭圆选框"工具 ○，在图像中适当的位置单击并按住鼠标左键，拖曳鼠标绘制出需要的选区，松开鼠标左键，椭圆选区绘制完成，如图 3-13 所示。

按住 Shift 键的同时，拖曳鼠标在图像中可以绘制出圆形的选区，如图 3-14 所示。

图 3-13　　　　　　　　　　　图 3-14

"椭圆选框"工具属性栏的其他选项和"矩形选框"工具属性栏相同，其他的设置请参见"矩形选框"工具的设置。

3. 单行选框工具

使用"单行选框"工具可以在图像或图层中绘制出 1 个像素高的横线区域。它主要用于修复图像中丢失的像素线。

启用"单行选框"工具 ，其属性栏状态如图 3-15 所示，绘制选区后，效果如图 3-16 所示。

图 3-15 图 3-16

4. 单列选框工具

使用"单列选框"工具可以在图像或图层中绘制出 1 个像素宽的竖线区域。它主要用于修复图像中丢失的像素线。

启用"单列选框"工具 ，其属性栏状态如图 3-17 所示，绘制选区后，效果如图 3-18 所示。

图 3-17 图 3-18

3.1.2 套索工具的使用

"套索"工具可以在图像或图层中绘制不规则形状的选区，选取不规则形状的图像。下面，将具体介绍"套索"工具的使用方法和操作技巧。

1. 套索工具

使用"套索"工具可以用来选取不规则形状的图像。启用"套索"工具 ，有以下几种方法。

➡ 单击工具箱中的"套索"工具 。

➡ 反复按 Shift+L 组合键。

启用"套索"工具 ，属性栏将显示图 3-19 所示的状态。在"套索"工具属性栏中，   为选择方式选项。"羽化"选项用于设定选区边缘的羽化程度。"消除锯齿"选项用于清除选区边缘的锯齿。

图 3-19

绘制不规则选区：启用"套索"工具 ，在图像中适当的位置单击并按住鼠标左键，拖曳鼠标绘制出需要的选区，如图 3-20 所示。松开鼠标左键，选择区域会自动封闭，效果如图 3-21 所示。

图 3-20   图 3-21

2. 多边形套索工具

使用"多边形套索"工具可以用来选取不规则的多边形图像。启用"多边形套索"工具 ，有以下几种方法。

➡ 单击工具箱中的"多边形套索"工具 。

➡ 反复按 Shift+L 组合键。

"多边形套索"工具属性栏中的选项内容与"套索"工具属性栏的选项内容相同。

绘制多边形选区：启用"多边形套索"工具 ，在图像中单击设置所选区域的起点，如图 3-22 所示，接着单击设置选择区域的其他点。将鼠标指针移回到起点，指针由"多边形套索"工具 图标变为 图标，如图 3-23 所示。单击即可封闭选区，效果如图 3-24 所示。

图 3-22   图 3-23   图 3-24

在图像中使用"多边形套索"工具绘制选区时，按 Enter 键，封闭选区；按 Esc 键，取消选区；按 Delete 键，删除上一个单击建立的选区点。

3. 磁性套索工具

使用"磁性套索"工具可以用来选取不规则的并与背景反差大的图像。启用"磁性套索"工具 ，有以下几种方法。

➡ 单击工具箱中的"磁性套索"工具 。

➡ 反复按 Shift+L 组合键。

启用"磁性套索"工具 ，属性栏将显示图 3-25 所示的状态。

图 3-25

在"磁性套索"工具属性栏中，"宽度"选项用于设定套索检测范围，"磁性套索"工具将在这个范围内选取反差最大的边缘。"对比度"选项用于设定选取边缘的灵敏度，数值越大，则要求边缘与背景的反差越大。"频率"选项用于设定选区点的速率，数值越大，标记速率越快，标记点越多。"使用绘图板压力以更改钢笔宽度"按钮 ⑥ 用于设定专用绘图板的笔刷压力。

根据图像形状绘制选区：启用"磁性套索"工具 ⧖，在图像中适当的位置单击并按住鼠标左键，根据选取图像的形状拖曳鼠标，选取图像的磁性轨迹会紧贴图像的内容，如图 3-26 所示，将鼠标指针移回到起点，如图 3-27 所示，单击即可封闭选区，效果如图 3-28 所示。

图 3-26   图 3-27   图 3-28

3.1.3 魔棒工具的使用

"魔棒"工具可以用来选取图像中的某一点，并将与这一点颜色相同或相近的点自动融入选区中。启用"魔棒"工具 ⚡，有以下几种方法。

➡ 单击工具箱中的"魔棒"工具 ⚡。

➡ 反复按 Shift+W 组合键。

启用"魔棒"工具 ⚡，属性栏将显示图 3-29 所示的状态。

图 3-29

在"魔棒"工具属性栏中，"取样大小"选项用于设置取样范围的大小。"容差"选项用于控制色彩的范围，数值越大，可容许的色彩范围越大。"消除锯齿"选项用于清除选区边缘的锯齿。"连续"选项用于选择单独的色彩范围。"对所有图层取样"选项用于将所有可见图层中颜色容许范围内的色彩加入选区。

使用"魔棒"工具绘制选区：启用"魔棒"工具 ⚡，在图像中单击需要选择的颜色区域，即可得到需要的选区。调整属性栏中的容差值，再次单击需要选择的颜色区域，不同容差值的选区效果如图 3-30 和图 3-31 所示。

图 3-30   图 3-31

3.1.4　课堂案例——制作食品餐饮类电商 Banner

 案例学习目标

学习使用不同的选取工具来选择不同外形的图像，并应用移动工具将其合成一幅图像。

案例知识要点

使用魔棒工具抠取菜叶；使用椭圆选框工具抠取牛肉；使用磁性套索工具抠取西红柿；使用自由变换工具调整图像大小；最终效果如图 3-32 所示。

扫码观看　　扫码查看
本案例视频　扩展案例

图 3-32

效果所在位置

云盘/Ch03/效果/制作食品餐饮类电商 Banner.psd。

（1）按 Ctrl+N 组合键，弹出"新建文档"对话框，设置宽度为 1 920 像素，高度为 650 像素，分辨率为 72 像素/英寸，颜色模式为 RGB，背景内容为浅绿色（212、245、188），单击"创建"按钮，新建一个文件。

（2）按 Ctrl+O 组合键，打开云盘中的"Ch03 > 素材 > 制作食品餐饮类电商 Banner > 01"文件，选择"移动"工具 ，将蔬菜图片拖曳到新建图像窗口中适当的位置，效果如图 3-33 所示，在"图层"控制面板中生成新的图层并将其命名为"蔬菜"。

图 3-33

（3）在"图层"控制面板上方，将"蔬菜"图层的"不透明度"选项设为 25%，如图 3-34 所示，按 Enter 键确定操作，图像效果如图 3-35 所示。

（4）按 Ctrl+O 组合键，打开云盘中的"Ch03 > 素材 > 制作食品餐饮类电商 Banner > 02"文件，如图 3-36 所示。选择"魔棒"工具 ，在属性栏中将"容差"选项设为 40，取消勾选"连续"复选框，如图 3-37 所示，在图像窗口中白色背景区域单击鼠标左键，图像周围生成选区，效果如图 3-38 所示。按 Shift+Ctrl+I 组合键，将选区反选，效果如图 3-39 所示。

图 3-34 图 3-35

图 3-36 图 3-37

图 3-38 图 3-39

（5）选择"移动"工具 ，将选区中的图像拖曳到新建图像窗口中适当的位置，效果如图 3-40 所示，在"图层"控制面板中生成新的图层并将其命名为"菜叶"。

（6）按 Ctrl+T 组合键，在图像周围出现变换框，单击属性栏中的"保持长宽比"按钮 ，向内拖曳左下角的控制手柄，等比例缩小图片；将鼠标指针放置在控制框中，鼠标指针变为 图标，单击并拖曳鼠标到适当的位置，移动图像，按 Enter 键确定操作，效果如图 3-41 所示。

图 3-40 图 3-41

（7）按 Ctrl+O 组合键，打开云盘中的"Ch03 > 素材 > 制作食品餐饮类电商 Banner > 03"

文件，如图 3-42 所示。选择"椭圆选框"工具 ○ ，按住 Shift 键的同时，在图像窗口中拖曳鼠标绘制圆形选区，效果如图 3-43 所示。

图 3-42   图 3-43

（8）选择"移动"工具 ✛ ，将选区中的图像拖曳到新建图像窗口中适当的位置，效果如图 3-44 所示，在"图层"控制面板中生成新的图层并将其命名为"牛肉"。

图 3-44

（9）选择"03"文件。选择"磁性套索"工具 ，在"03"文件图像窗口中沿着西红柿边缘拖曳鼠标，"磁性套索"工具的磁性轨迹会紧贴图像的轮廓，如图 3-45 所示，将鼠标指针移回到起点，单击封闭选区，效果如图 3-46 所示。

图 3-45   图 3-46

（10）选择"移动"工具 ✛ ，将选区中的图像拖曳到新建图像窗口中适当的位置，并调整其大小，效果如图 3-47 所示，在"图层"控制面板中生成新的图层并将其命名为"西红柿"。

图 3-47

（11）选择"多边形套索"工具 ，在图像窗口中沿着大蒜图像边缘依次单击设置点，将鼠标指针移回到起点，光标变为 图标，如图 3-48 所示，单击封闭选区，效果如图 3-49 所示。

图 3-48　　　　　　　　　　　　图 3-49

（12）选择"移动"工具 ，将选区中的图像拖曳到图像窗口中适当的位置，并调整其大小，效果如图 3-50 所示，在"图层"控制面板中生成新图层并将其命名为"大蒜"。

图 3-50

（13）按 Ctrl+O 组合键，打开云盘中的"Ch03 > 素材 > 制作食品餐饮类电商 Banner > 04"文件，选择"移动"工具 ，将文字图片拖曳到图像窗口中适当的位置，效果如图 3-51 所示，在"图层"控制面板中生成新图层并将其命名为"广告文字"。至此，食品餐饮类电商 Banner 制作完成。

图 3-51

3.2　选区的操作技巧

如果想在 Photoshop CC 2019 中灵活自如地编辑和处理图像，就必须掌握好选区的操作技巧。

3.2.1　移动选区

使用选区工具选择图像的区域后，在属性栏中的"新选区"按钮 的状态下，将鼠标指针放在选区中，指针就会显示成"移动选区"的图标 。

移动选区，有以下几种方法。

➡ 使用鼠标移动选区。打开一幅图像，选择"矩形选框"工具 ▢，绘制出选区，并将光标放置到选区中，指针变成"移动选区"的图标 ⊦ 后，效果如图 3-52 所示。按住鼠标左键拖曳，鼠标指针变为 ▶ 图标，效果如图 3-53 所示。将选区拖曳到适当的位置后，松开鼠标左键，即可完成选区的移动，效果如图 3-54 所示。

图 3-52　　　　　　　　图 3-53　　　　　　　　图 3-54

➡ 使用键盘移动选区。当使用"矩形选框"工具或"椭圆选框"工具绘制出选区后，不要松开鼠标左键，同时按住 Spacebar（空格）键并拖曳鼠标，即可移动选区。

绘制出选区后，使用方向键，可以将选区沿各方向移动 1 个像素；使用 Shift+方向组合键，可以将选区沿各方向移动 10 个像素。

3.2.2　调整选区

选择完图像的区域后，还可以进行增加选区、减小选区、相交选区等操作。

1．使用快捷键调整选区

增加选区。打开一幅图像，选择"矩形选框"工具 ▢ 绘制出选区，如图 3-55 所示。再选择"椭圆选框"工具 ◯，按住 Shift 键，绘制出要增加的圆形选区，如图 3-56 所示。增加后的选区效果如图 3-57 所示。

图 3-55　　　　　　　　图 3-56　　　　　　　　图 3-57

减小选区。打开一幅图像，选择"矩形选框"工具 ▢ 绘制出选区，如图 3-58 所示。再选择"椭圆选框"工具 ◯，按住 Alt 键，绘制出要减去的椭圆形选区，如图 3-59 所示。减去后的选区效果如图 3-60 所示。

图 3-58　　　　　　　　图 3-59　　　　　　　　图 3-60

相交选区。打开一幅图像，选择"矩形选框"工具 ⬚ 绘制出选区，如图 3-61 所示。再选择"椭圆选框"工具 ◯，按住 Shift+Alt 组合键，绘制出椭圆形选区，如图 3-62 所示。相交后的选区效果如图 3-63 所示。

图 3-61   图 3-62   图 3-63

取消选区。按 Ctrl+D 组合键，可以取消选区。

反选选区。按 Shift+Ctrl+I 组合键，可以对当前的选区进行反向选取，如图 3-64 所示。

图 3-64

全选图像。按 Ctrl+A 组合键，可以选择全部图像。

隐藏选区。按 Ctrl+H 组合键，可以隐藏选区的显示。再次按 Ctrl+H 组合键，可以恢复显示选区。

2．使用工具属性栏调整选区

在选区工具的属性栏中，⬚⬚⬚⬚为选择选区方式选项。选择"新选区"按钮 ⬚ 可以去除旧选区，绘制新选区。选择"添加到选区"按钮 ⬚ 可以在原有选区的基础上再增加新的选区。选择"从选区减去"按钮 ⬚ 可以在原有选区的基础上减去新选区的部分。选择"与选区交叉"按钮 ⬚ 可以选择新旧选区重叠的部分。

3．使用菜单调整选区

在"选择"菜单下选择"全选""取消选择"和"反选"命令，可以对图像选区进行全部选择、取消选择和反向选择的操作。

| 边界(B)... |
| 平滑(S)... |
| 扩展(E)... |
| 收缩(C)... |
| 羽化(F)...   Shift+F6 |

图 3-65

选择"选择 > 修改"命令，系统将弹出其下拉菜单，如图 3-65 所示。

"边界"命令。用于修改选区的边缘。打开一幅图像，绘制好选区，如图 3-66 所示。选择下拉菜单中的"边界"命令，弹出"边界选区"对话框，如图 3-67 所示进行设定，单击"确定"按钮。边界效果如图 3-68 所示。

"平滑"命令。可以通过增加或减少选区边缘的像素来平滑边缘，选择下拉菜单中的"平滑"命令，弹出"平滑选区"对话框，如图 3-69 所示。

图 3-66 图 3-67 图 3-68

"扩展"命令。用于扩充选区的像素，其扩充的像素数量通过图 3-70 所示的"扩展选区"对话框确定。

"收缩"命令。用于收缩选区的像素，其收缩的像素数量通过图 3-71 所示的"收缩选区"对话框确定。

图 3-69 图 3-70 图 3-71

在"选择"菜单下选择"扩大选取"命令，可以将图像中一些连续的、色彩相近的像素扩充到选区内。扩大选取的数值是根据"魔棒"工具 设置的容差值决定的。

在"选择"菜单下选择"选取相似"命令，可以将图像中一些不连续的、色彩相近的像素扩充到选区内。选取相似的数值是根据"魔棒"工具 设置的容差值决定的。

打开一幅图像，在"魔棒"工具属性栏中将容差值设定为 32，使用"魔棒"工具 绘制出选区，如图 3-72 所示，选择"选择 > 扩大选取"命令后的效果如图 3-73 所示，选择"选择 > 选取相似"命令后的效果如图 3-74 所示。

图 3-72 图 3-73 图 3-74

3.2.3 羽化选区

羽化选区可以使图像产生柔和的效果。通过以下的方法可以设置选区的羽化值。

选择"选择 > 修改 > 羽化"命令，或按 Shift+F6 组合键，在"羽化选区"对话框中设置羽化半径的值。

使用选择工具前，在该工具的属性栏中设置羽化半径的值。

3.2.4 课堂案例——制作沙发详情页主图

 案例学习目标

学习使用选框工具绘制选区，并使用羽化命令制作出需要的效果。

案例知识要点

使用矩形选框工具、变换选区命令、扭曲命令和羽化命令制作沙发投影；使用移动工具添加装饰图片和文字；最终效果如图 3-75 所示。

图 3-75

扫码观看   扫码查看
本案例视频   扩展案例

效果所在位置

云盘/Ch03/效果/制作沙发详情页主图.psd。

（1）按 Ctrl+O 组合键，打开云盘中的"Ch03 > 素材 > 制作沙发详情页主图 > 01、02"文件，如图 3-76 所示。选择"移动"工具 ，将"02"图片拖曳到"01"图像窗口中适当的位置，效果如图 3-77 所示，在"图层"控制面板中生成新的图层并将其命名为"沙发"。选择"矩形选框"工具 ，在图像窗口中拖曳鼠标绘制矩形选区，如图 3-78 所示。

图 3-76   图 3-77   图 3-78

（2）选择"选择 > 变换选区"命令，在选区周围出现控制手柄，如图 3-79 所示，按 Ctrl+Shift 组合键，拖曳左上角的控制手柄到适当的位置，使图像任意变形，效果如图 3-80 所示，用相同的方法调整其他控制手柄，效果如图 3-81 所示。

图 3-79

图 3-80

图 3-81

（3）选区变换完成后，按 Enter 键确定操作，效果如图 3-82 所示。按 Shift+F6 组合键，弹出"羽化选区"对话框，选项的设置如图 3-83 所示；单击"确定"按钮，效果如图 3-84 所示。

图 3-82

图 3-83

图 3-84

（4）按住 Ctrl 键的同时，单击"创建新图层"按钮 ，在"沙发"图层下方新建图层并将其命名为"投影"。将前景色设为黑色。按 Alt+Delete 组合键，用前景色填充选区，按 Ctrl+D 组合键，取消选区，效果如图 3-85 所示。

（5）在"图层"控制面板上方，将"投影"图层的"不透明度"选项设为 40%，如图 3-86 所示，按 Enter 键确定操作，图像效果如图 3-87 所示。

图 3-85

图 3-86

图 3-87

（6）按 Ctrl+O 组合键，打开云盘中的"Ch03 > 素材 > 制作沙发详情页主图 > 03"文件，选择"移动"工具 ，将装饰图片拖曳到图像窗口中适当的位置，效果如图 3-88 所示，在"图层"控制面板中生成新的图层并将其命名为"装饰"，如图 3-89 所示。至此，沙发详情页主图制作完成。

图 3-88

图 3-89

课后习题——制作旅游出行公众号首图

习题知识要点

　　使用魔棒工具选取背景；使用亮度/对比度命令调整图片亮度；使用移动工具更换天空和移动图像；最终效果如图 3-90 所示。

图 3-90

扫码观看
本案例视频

效果所在位置

云盘/Ch03/效果/制作旅游出行公众号首图.psd。

04

第 4 章
绘制和修饰图像

本章将详细介绍 Photoshop CC 2019 绘制、修饰以及填充图像的功能。读者通过本章的学习要能够了解和掌握绘制和修饰图像的基本方法和操作技巧。要努力将绘制和修饰图像的各种功能和效果应用到实际的设计制作任务中，真正做到学有所用。

课堂学习目标

- ✔ 熟练掌握绘图工具的使用方法
- ✔ 熟练掌握修图工具的使用方法
- ✔ 熟练掌握填充工具的使用方法

4.1 绘图工具的使用

使用绘图工具可以在空白的图像中画出图画，也可以在已有的图像中对图像进行再创作。掌握好绘图工具可以使设计作品更精彩。

4.1.1 画笔工具的使用

"画笔"工具可以模拟画笔效果在图像或选区中进行绘制。

1. 画笔工具

启用"画笔"工具 ✏，有以下几种方法。

➜ 单击工具箱中的"画笔"工具 ✏。

➜ 反复按 Shift+B 组合键。

启用"画笔"工具 ✏，属性栏将显示图 4-1 所示的状态。

图 4-1

在"画笔"工具属性栏中，"画笔预设" 选项用于选择预设的画笔。"模式"选项用于选择绘画颜色与下面现有像素的混合模式。"不透明度"选项可以设定画笔的不透明度。"流量"选项用于设定喷枪压力，压力越大，喷色越浓。"启用喷枪样式的建立效果"按钮 ，可以启用喷枪功能。"平滑"选项用于设置画笔边缘的平滑度。"平滑选项"按钮 ，用于设置其他平滑度选项。"绘图板压力控制"按钮 ，使用压感笔压力可以覆盖"画笔"中的"不透明度"和"大小"的设置。"对称选项"按钮 ，用于设置绘画的对称选项。

启用"画笔"工具 ✏，在属性栏中设置画笔，如图 4-2 所示。使用"画笔"工具 ✏ 在图像中单击并按住鼠标左键，拖曳鼠标可以绘制出书法字的效果，如图 4-3 所示。

图 4-2

图 4-3

2. 选择画笔

在画笔工具属性栏中选择画笔。单击"画笔预设"选项右侧的按钮 ，弹出图 4-4 所示的画笔选择面板，在画笔选择面板中可选择画笔形状。

按 Shift+[组合键，可以减小画笔硬度；按 Shift+] 组合键，可以增大画笔硬度；按 [键，可以缩小画笔笔尖；按] 键，可以放大画笔笔尖。

拖曳"大小"选项下的滑块或直接输入数值都可以设置画笔的大小。如果选择的画笔是基于样本的，将显示"恢复到原始大小"按钮 ，单击此按钮，可以使画笔的大小恢复到初始的大小。单击画笔选择面板右上方的按钮 ✿., 弹出下拉菜单, 如图 4-5 所示。

图 4-4   图 4-5

下拉菜单中的各个命令及其作用如下。

"新建画笔预设"命令: 用于建立新画笔。

"新建画笔组"命令: 用于建立新的画笔组。

"重命名画笔"命令: 用于重新命名画笔。

"删除画笔"命令: 用于删除当前选中的画笔。

"画笔名称"命令: 在画笔选择面板中显示画笔名称。

"画笔描边"命令: 在画笔选择面板中显示画笔描边。

"画笔笔尖"命令: 在画笔选择面板中显示画笔笔尖。

"显示其他预设信息"命令: 在画笔选择面板中显示其他预设信息。

"显示近期画笔"命令: 在画笔选择面板中显示近期使用的画笔。

"预设管理器"命令: 用于在弹出的预置管理器对话框中编辑画笔。

"恢复默认画笔"命令: 用于恢复默认状态画笔。

"导入画笔"命令: 用于将存储的画笔载入面板。

"导出选中的画笔"命令: 用于将当前的画笔进行存储。

"获取更多画笔"命令: 用于在官网上获取更多的画笔形状。

"转换后的旧版工具预设"命令: 将转换后的旧版工具预设画笔集恢复为画笔预设列表。

"旧版画笔"命令: 将旧版的画笔集恢复为画笔预设列表。

下面的选项为各个画笔库。

在画笔选择面板中单击"从此画笔创建新的预设"按钮 📋, 弹出图 4-6 所示的"新建画笔"对话框。单击属性栏中的"切换画笔设置面板"按钮 📝, 弹出图 4-7 所示的"画笔设置"控制面板。选择"窗口 > 画笔设置"命令, 或按 F5 键, 也可弹出"画笔设置"控制面板。

在"画笔设置"控制面板中, 单击"画笔"按钮 画笔, 或选择"窗口 > 画笔"命令, 弹出"画笔"控制面板, 如图 4-8 所示。在面板中单击需要的画笔, 即可选择该画笔。

图 4-6   图 4-7   图 4-8

3. 设置画笔

"画笔笔尖形状"选项。在"画笔设置"控制面板中，单击"画笔笔尖形状"选项，切换到相应的控制面板，如图 4-9 所示。通过"画笔笔尖形状"选项可以设置画笔的形状。

"大小"选项：用于设置画笔的大小。

"翻转 X/翻转 Y"复选框：用于改变画笔笔尖在其 X 轴或 Y 轴的方向，如图 4-10 所示。

源画笔

勾选"翻转 X"

勾选"翻转 Y"

图 4-9   图 4-10

"角度"选项：用于设置画笔的倾斜角度。不同倾斜角度的画笔绘制的线条效果如图 4-11 和图 4-12 所示。

图 4-11   图 4-12

"圆度"选项：用于设置画笔的圆滑度。在右侧的预视框中可以观察和调整画笔的角度和圆滑度。不同圆滑度的画笔绘制的线条效果如图 4-13 和图 4-14 所示。

图 4-13   图 4-14

"硬度"选项：用于设置画笔所画图像的边缘的柔化程度。硬度的数值用百分比表示。不同硬度的画笔绘制的线条效果如图 4-15 和图 4-16 所示。

图 4-15   图 4-16

"间距"选项：用于设置画笔画出的标记点之间的间隔距离。不同间距设置的画笔绘制的线条效果如图 4-17 和图 4-18 所示。

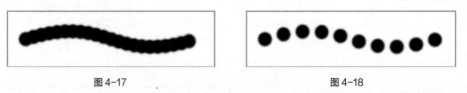

图 4-17   图 4-18

"形状动态"选项。在"画笔设置"控制面板中，单击"形状动态"选项，弹出相应的控制面板，如图 4-19 所示。通过"形状动态"选项可以增加画笔的动态效果。

"大小抖动"选项：用于设置动态元素的自由随机度。数值设置为 100% 时，画笔绘制的元素会出现最大的自由随机度，如图 4-20 所示；数值设置为 0% 时，画笔绘制的元素没有变化，如图 4-21 所示。

图 4-19   图 4-20   图 4-21

在"控制"选项的弹出式菜单中可以选择各个选项，来控制动态元素的变化。这些选项包括有关、渐隐、Dial、钢笔压力、钢笔斜度和光笔轮 6 个。

例如：选择"渐隐"选项，在其右侧的数值框中输入数值 25，将"最小直径"选项设置为 100%，画笔绘制的效果如图 4-22 所示；将"最小直径"选项设置为 1%，画笔绘制的效果如图 4-23 所示。

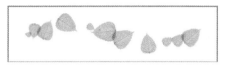

图 4-22   图 4-23

"最小直径"选项：用来设置画笔标记点的最小尺寸。

"倾斜缩放比例"选项：当选择"控制"选项组中的"钢笔斜度"选项后，可以设置画笔的倾斜比例。在使用数位板时此选项才有效。

"角度抖动"和"控制"选项："角度抖动"选项用于设置画笔在绘制线条的过程中标记点角度的动态变化效果；在"控制"选项的弹出式菜单中，可以选择各个选项来控制角度抖动的变化。设置不同角度抖动数值后，画笔绘制的效果如图 4-24 和图 4-25 所示。

图 4-24   图 4-25

"圆度抖动"和"控制"选项："圆度抖动"选项用于设置画笔在绘制线条的过程中标记点圆度的动态变化效果；在"控制"选项的弹出式菜单中，可以选择各个选项，来控制圆度抖动的变化。设置不同圆度抖动数值后，画笔绘制的效果如图 4-26 和图 4-27 所示。

图 4-26   图 4-27

"最小圆度"选项：用于设置画笔标记点的最小圆度。

"散布"选项。在"画笔设置"控制面板中，单击"散布"选项，弹出相应的控制面板，如图 4-28 所示。

"散布"选项：用于设置画笔绘制的线条中标记点的分布效果。不勾选"两轴"复选框，画笔标记点的分布与画笔绘制的线条方向垂直，效果如图 4-29 所示；勾选"两轴"复选框，画笔标记点将以放射状分布，效果如图 4-30 所示。

"数量"选项：用于设置每个空间间隔中画笔标记点的数量。设置不同数量的数值后，画笔绘制的效果如图 4-31 和图 4-32 所示。

"数量抖动"选项：用于设置每个空间间隔中画笔标记点的数量变化。在"控制"选项的下拉菜单中可以选择各个选项，来控制数量抖动的变化。

"纹理"选项。在"画笔设置"控制面板中，单击"纹理"选项，弹出相应的控制面板，如图 4-33 所示。通过"纹理"选项可以使画笔纹理化。

在控制面板的上面有纹理的预视图，单击右侧的按钮，在弹出的面板中可以选择需要的图案，勾选"反相"复选框，可以设定纹理的反相效果。

"缩放"选项：用于设置图案的缩放比例。

图 4-28 图 4-29 图 4-30

图 4-31 图 4-32

"为每个笔尖设置纹理"选项：用于设置是否分别对每个标记点进行渲染。选择此项，下面的"深度抖动"和"控制"选项变为可用。

"模式"选项：用于设置画笔和图案之间的混合模式。

"深度"选项：用于设置画笔混合图案的深度。

"最小深度"选项：用于设置画笔混合图案的最小深度。

"深度抖动"和"控制"选项：用于设置画笔混合图案的深度变化。在"控制"选项的下拉菜单中可以选择各个选项，来控制深度抖动的变化。

设置不同的纹理数值后，画笔绘制的效果如图 4-34 和图 4-35 所示。

图 4-33 图 4-34 图 4-35

"双重画笔"选项。在"画笔设置"控制面板中，单击"双重画笔"选项，弹出相应的控制面板，如图 4-36 所示。"双重画笔"效果就是两种画笔效果的混合。

在图 4-36 所示的控制面板中的"模式"选项的下拉菜单中，可以选择两种画笔的混合模式。在画笔预视框中选择一种画笔作为第二个画笔。

"大小"选项：用于设置第二个画笔的大小。

"间距"选项：用于设置第二个画笔在绘制的线条中的标记点之间的距离。

"散布"选项：用于设置第二个画笔在所绘制的线条中标记点的分布效果。不勾选"两轴"复选框，画笔的标记点的分布与画笔绘制的线条方向垂直；勾选"两轴"复选框，画笔标记点将以放射状分布。

"数量"选项：用于设置每个空间间隔中第二个画笔标记点的数量。

选择第一个画笔后绘制的效果，如图 4-37 所示。选择第二个画笔并对其进行设置后，绘制的双重画笔混合效果如图 4-38 所示。

图 4-36　　　　　　　　　　图 4-37　　　　　　　　　　图 4-38

"颜色动态"选项。在"画笔设置"控制面板中，单击"颜色动态"选项，会弹出相应的控制面板，如图 4-39 所示。"颜色动态"选项用于设置画笔绘制的过程中颜色的动态变化情况。

"前景/背景抖动"选项：用于设置画笔绘制的线条在前景色和背景色之间的动态变化。

"色相抖动"选项：用于设置画笔绘制线条的色相的动态变化范围。

"饱和度抖动"选项：用于设置画笔绘制线条的饱和度的动态变化范围。

"亮度抖动"选项：用于设置画笔绘制线条的亮度的动态变化范围。

"纯度"选项：用于设置颜色的纯度。

设置不同的颜色动态数值后，画笔绘制的效果如图 4-40 和图 4-41 所示。

"画笔设置"控制面板中的其他选项，如图 4-42 所示。

"传递"选项：可以为画笔颜色添加递增或递减效果。

"画笔笔势"选项：可以使画笔产生光笔的效果，并控制画笔的角度和位置。

"杂色"选项：可以为画笔增加杂色效果。

"湿边"选项：可以为画笔增加水笔的效果。

图 4-39 　　　　　　　　图 4-40 　　　　　　　　图 4-41

"建立"选项：可以使画笔产生喷枪的效果。

"平滑"选项：可以使画笔绘制的线条产生更平滑顺畅的效果。

"保护纹理"选项：可以对所有的画笔应用相同的纹理图案。

4. 载入画笔

单击"画笔"控制面板右上方的图标▤，在其弹出式菜单中选择"导入画笔"命令，弹出"载入"对话框。

在"载入"对话框中，选择需要载入的画笔文件，单击"载入"按钮，将画笔载入，如图 4-43 所示。载入画笔共有 15 个种类，运用这些载入的画笔可以绘画。

图 4-42 　　　　　　　　　　　　图 4-43

5. 定义画笔预设

打开一幅图像，如图 4-44 所示。按 Ctrl+A 组合键，将图像全选，如图 4-45 所示。选择"编辑 > 定义画笔预设"命令，弹出"画笔名称"对话框，如图 4-46 所示进行设定。单击"确定"按钮，将选取的图像定义为画笔。

图 4-44　　　　　　　　　图 4-45　　　　　　　　　　　　图 4-46

在画笔选择窗口中可以看到刚制作好的画笔，如图 4-47 所示。选择制作好的画笔，在画笔工具属性栏中进行设置，再单击"启用喷枪样式的建立效果"按钮，如图 4-48 所示。

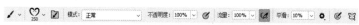

图 4-47　　　　　　　　　　　　　　　　　　　　　　　图 4-48

在图像窗口中将画笔工具放在图像中适当的位置，按下鼠标左键喷出新制作的画笔效果，如图 4-49 所示。喷绘时按下鼠标左键时间的长短决定画笔图像颜色的深浅，如图 4-50 所示。

图 4-49　　　　　　　　　图 4-50

6. 铅笔工具

"铅笔"工具可以模拟铅笔的效果进行绘画。启用"铅笔"工具，有以下两种方法。

➡ 单击工具箱中的"铅笔"工具。

➡ 反复按 Shift+B 组合键。

启用"铅笔"工具，属性栏将显示图 4-51 所示的状态。

图 4-51

在"铅笔"工具属性栏中，"自动抹除"选项用于自动判断绘画时的起始点颜色，如果起始点颜色为背景色，则"铅笔"工具将以前景色绘制，反之如果起始点颜色为前景色，"铅笔"工具则会以背景色绘制。

使用"铅笔"工具：启用"铅笔"工具 ，在"铅笔"工具属性栏中选择画笔，勾选"自动抹除"复选框，如图 4-52 所示。此时，绘制效果与鼠标所单击的起始点颜色有关。当鼠标单击的起始点像素与前景色相同时，"铅笔"工具 将行使"橡皮擦"工具 的功能，以背景色绘图；如果鼠标点取的起始点颜色不是前景色，绘图时仍然会保持以前景色绘制。

例如：将前景色和背景色分别设定为红色和黄色。在图中单击鼠标左键，画出一个红色点。在红色区域内单击绘制下一个点，颜色就会变成黄色。重复以上操作，得到的效果如图 4-53 所示。

图 4-52

图 4-53

7. 颜色替换工具

"颜色替换"工具可以对图像的颜色进行改变。启用"颜色替换"工具，有以下两种方法。

➡ 单击工具箱中的"颜色替换"工具。

➡ 反复按 Shift+B 组合键。

启用"颜色替换"工具，属性栏将显示图 4-54 所示的状态。

图 4-54

在"颜色替换"工具的属性栏中，"画笔预设"选项用于设置颜色替换的形状和大小；"模式"选项用于选择绘制的颜色模式；"取样"选项用于设定取样的类型；"限制"选项用于选择擦除界限；"容差"选项用于设置颜色替换的绘制范围。

"颜色替换"工具可以在图像中非常容易地改变任何区域的颜色。

使用"颜色替换"工具：打开一幅图像，效果如图 4-55 所示。设置前景色为蓝色，并在"颜色替换"工具属性栏中设置画笔的属性，如图 4-56 所示。在图像上绘制时，"颜色替换"工具可以根据绘制区域的图像颜色，自动生成绘制区域，效果如图 4-57 所示。使用"颜色替换"工具可以将青色油漆变成紫色，效果如图 4-58 所示。

图 4-55

图 4-56

图 4-57　　　　　　　　　　图 4-58　　　　　　　　　　扫码看彩图

4.1.2　课堂案例——制作娱乐媒体类公众号封面次图

案例学习目标

学习使用定义画笔预设命令定义出画笔效果，并应用画笔工具及橡皮擦工具将其合成一幅装饰图像。

案例知识要点

使用定义画笔预设命令定义点图像画笔；使用画笔工具和画笔设置面板制作装饰点；使用橡皮擦工具擦除多余的点；使用高斯模糊命令为装饰点添加模糊效果；最终效果如图 4-59 所示。

扫码观看　　扫码查看
本案例视频　　扩展案例

图 4-59

效果所在位置

云盘/Ch04/效果/制作娱乐媒体类公众号封面次图.psd。

（1）按 Ctrl+O 组合键，打开云盘中"Ch04 > 素材 > 制作娱乐媒体类公众号封面次图 > 01、02"文件，如图 4-60 所示。进入"02"文件图像窗口中，按 Ctrl+A 组合键，全选选区，图像效果如图 4-61 所示。

（2）选择"编辑 > 定义画笔预设"命令，弹出"画笔名称"对话框，在"名称"选项文本框中输入"点.psd"，如图 4-62 所示，单击"确定"按钮，将点图像定义为画笔。

（3）在"01"图像窗口中，单击"图层"控制面板下方的"创建新图层"按钮 ，生成新的图层并将其命名为"装饰点 1"。将前景色设为白色。选择"画笔"工具 ，在属性栏中单击"画笔预设"选项右侧的按钮 ，在弹出的画笔选择面板中选择刚定义好的点形状画笔，如图 4-63 所示。

图 4-60　　　　　　　　　　　　图 4-61

图 4-62　　　　　　　　　　　　图 4-63

（4）在属性栏中单击"切换画笔设置面板"按钮 ，弹出"画笔设置"控制面板，选择"形状动态"选项，切换到相应的面板中进行设置，如图 4-64 所示；选择"散布"选项，切换到相应的面板中进行设置，如图 4-65 所示。选择"传递"选项，切换到相应的面板中进行设置，如图 4-66 所示。

图 4-64　　　　　　　　　　图 4-65　　　　　　　　　　图 4-66

（5）在图像窗口中拖曳鼠标绘制装饰点图形，效果如图 4-67 所示。选择"橡皮擦"工具 ，在属性栏中单击"画笔预设"选项右侧的按钮 ，在弹出的画笔选择面板中选择需要的形状，如图 4-68 所示。在图像窗口中拖曳鼠标擦除不需要的小圆点，效果如图 4-69 所示。

图 4-67　　　　　　　　　　图 4-68　　　　　　　　　　图 4-69

（6）选择"滤镜 > 模糊 > 高斯模糊"命令，在弹出的对话框中进行设置，如图 4-70 所示，单击"确定"按钮，效果如图 4-71 所示。用相同的方法绘制"装饰点 2"，效果如图 4-72 所示。至此，娱乐媒体类公众号封面次图制作完成。

图 4-70　　　　　　　　　　图 4-71　　　　　　　　　　图 4-72

4.1.3　橡皮擦工具的使用

橡皮擦工具用于擦除图像中的颜色。下面，将具体介绍如何使用"橡皮擦"工具 　。

1．橡皮擦工具

使用"橡皮擦"工具可以用背景色擦除背景图像，也可以用透明色擦除图层中的图像。启用"橡皮擦"工具 　，有以下两种方法。

➡ 单击工具箱中的"橡皮擦"工具 　。

➡ 反复按 Shift+E 组合键。

启用"橡皮擦"工具 　，属性栏将显示图 4-73 所示的状态。

在"橡皮擦"工具属性栏中，"画笔预设"选项用于选择橡皮擦的形状和大小；"模式"选项用于选择擦除的笔触方式；"不透明度"选项用于设定不透明度；"流量"选项用于设定扩散的速度；"抹到历史记录"选项用于确定以"历史"控制面板中确定的图像状态来擦除图像。

使用"橡皮擦"工具：选择"橡皮擦"工具 　，在图像中单击并按住鼠标左键拖曳鼠标，可以擦除图像。用背景色擦除图像效果如图 4-74 所示。

2．背景橡皮擦工具

使用"背景橡皮擦"工具可以擦除指定的颜色，指定的颜色显示为背景色。启用"背景橡皮擦"工具 　，有以下两种方法。

图 4-73

图 4-74

➡ 单击工具箱中的"背景橡皮擦"工具 。

➡ 反复按 Shift+E 组合键。

启用"背景橡皮擦"工具 ，属性栏将显示图 4-75 所示的状态。

图 4-75

在"背景橡皮擦"工具属性栏中，"画笔预设"选项用于选择背景橡皮擦的形状和大小；"取样"选项用于设定取样的类型；"限制"选项用于选择擦除界限；"容差"选项用于设定容差值；"保护前景色"选项用于保护前景色不被擦除。

使用"背景橡皮擦"工具：选择"背景橡皮擦"工具 ，在"背景橡皮擦"工具属性栏中，如图 4-76 所示进行设定。在图像中使用"背景橡皮擦"工具擦除图像，效果如图 4-77 所示。

图 4-76

图 4-77

3. 魔术橡皮擦工具

使用"魔术橡皮擦"工具可以自动擦除颜色相近的区域。启用"魔术橡皮擦"工具 ，有以下两种方法。

➡ 单击工具箱中的"魔术橡皮擦"工具 。

➡ 反复按 Shift+E 组合键。

启用"魔术橡皮擦"工具 ，属性栏将显示图 4-78 所示的状态。

在"魔术橡皮擦"工具属性栏中，"容差"选项用于设定容差值，容差值的大小决定魔术橡皮擦工具擦除图像的面积；"消除锯齿"选项用于消除锯齿；"连续"选项作用于当前层；"对所有图层取样"选项作用于所有层；"不透明度"选项用于设定不透明度。

使用"魔术橡皮擦"工具：启用"魔术橡皮擦"工具 ，设置"魔术橡皮擦"工具属性栏为默认值，用"魔术橡皮擦"工具擦除图像，图像的效果如图 4-79 所示。

图 4-79

图 4-78

4.2 修图工具的使用

修图类工具用于对图像的细微部分进行修整，是在处理图像时不可缺少的工具。

4.2.1 图章工具的使用

图章工具可以以预先指定的像素点或定义的图案为复制对象进行复制。

1. 仿制图章工具

使用"仿制图章"工具可以以指定的像素点为复制基准点，将其周围的图像复制到其他地方。启用"仿制图章"工具，有以下两种方法。

➡ 单击工具箱中的"仿制图章"工具。

➡ 反复按 Shift+S 组合键。

启用"仿制图章"工具，属性栏将显示图 4-80 所示的状态。

图 4-80

在"仿制图章"工具属性栏中，"画笔预设"选项用于选择画笔；"模式"选项用于选择混合模式；"不透明度"选项用于设定不透明度；"流量"选项用于设定扩散的速度；"对齐"选项用于控制是否在复制时使用对齐功能；"样本"选项用于指定图层进行数据取样。

使用"仿制图章"工具：启用"仿制图章"工具，将"仿制图章"工具放在图像中需要复制的位置，如图 4-81 所示。按住 Alt 键，鼠标指针由仿制图章图标变为圆形十字⊕图标，单击鼠标左键，定下取样点，松开鼠标左键，在合适的位置单击并按住鼠标左键，拖曳鼠标复制出取样点及其周围的图像，效果如图 4-82 所示。

图 4-81

图 4-82

2. 图案图章工具

使用"图案图章"工具 ✖️ 可以以预先定义的图案为复制对象进行复制。启用"图案图章"工具 ✖️，有以下两种方法。

➡️ 单击工具箱中的"图案图章"工具 ✖️。

➡️ 反复按 Shift+S 组合键。

启用"图案图章"工具 ✖️，其属性栏中的选项内容与"仿制图章"工具属性栏的选项内容大致相同，但多了一个用于选择复制图案的图案选项，如图 4-83 所示。

图 4-83

使用"图案图章"工具：启用"图案图章"工具 ✖️，用"矩形选框"工具 ▭ 绘制出要定义为图案的选区，如图 4-84 所示。选择"编辑 > 定义图案"命令，弹出"图案名称"对话框，如图 4-85 所示，单击"确定"按钮，定义选区中的图像为图案。

图 4-84

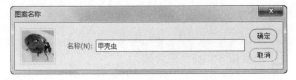

图 4-85

在"图案图章"工具的属性栏中选择定义的图案，如图 4-86 所示。按 Ctrl+D 组合键，取消图像中的选区。选择"图案图章"工具 ✖️，在合适的位置单击并按住鼠标左键，拖曳鼠标复制出定义的图案，效果如图 4-87 所示。

图 4-86

图 4-87

4.2.2　课堂案例——制作美妆公众号运营海报

 案例学习目标

学习使用仿制图章工具擦除图像中的多余的碎发。

案例知识要点

使用仿制图章工具清除照片中的多余的碎发，最终效果如图 4-88 所示。

扫码观看　　　扫码查看
本案例视频　　扩展案例

图 4-88

效果所在位置

云盘/Ch04/效果/制作美妆公众号运营海报.psd。

（1）按 Ctrl+O 组合键，打开云盘中的"Ch04 > 素材 > 制作美妆公众号运营海报 > 01"文件，如图 4-89 所示。将"背景"图层拖曳到"图层"控制面板下方的"创建新图层"按钮 回 上进行复制，生成新的图层"背景 拷贝"，如图 4-90 所示。

图 4-89　　　　　　　　　　　　　图 4-90

（2）选择"缩放"工具 ，将图像的局部放大。选择"仿制图章"工具 ，在属性栏中单击"画笔预设"选项右侧的按钮 ，在弹出的画笔选择面板中选择需要的画笔形状，如图 4-91 所示。

（3）将鼠标指针放置到图像需要复制的位置，按住 Alt 键的同时，光标由"仿制图章"图标变为圆形十字 图标，如图 4-92 所示。单击鼠标左键，定下取样点，松开鼠标左键，在图像窗口中需要清除的位置多次单击鼠标左键，清除图像中的多余的碎发，效果如图 4-93 所示。使用相同的方法，清除图像中的其他部位多余的碎发，效果如图 4-94 所示。

图 4-91　　　　　　图 4-92　　　　　　图 4-93　　　　　　图 4-94

（4）按 Ctrl+O 组合键，打开云盘中的"Ch04 > 素材 > 制作美妆公众号运营海报 > 02"文件，选择"移动"工具 ⊕，将眼影图片拖曳到图像窗口中适当的位置，效果如图 4-95 所示，在"图层"控制面板中生成新图层并将其命名为"眼影"。

（5）将前景色设为白色。选择"横排文字"工具 T.，在适当的位置分别输入需要的文字并选取文字，在属性栏中选择合适的字体并设置大小；按 Alt+→组合键，调整文字适当的间距，效果如图 4-96 所示，在"图层"控制面板中生成新的文字图层。至此，美妆公众号运营海报制作完成。

图 4-95　　　　　　　　　图 4-96

4.2.3　污点修复画笔工具与修复画笔工具

"污点修复画笔"工具可以快速地清除照片中的污点，"修复画笔"工具可以修复旧照片或有破损的图像。

1．污点修复画笔工具

"污点修复画笔"工具可以快速地修除照片中的污点和其他不理想部分。启用"污点修复画笔"工具 ◈.，有以下两种方法。

➡ 单击工具箱中的"污点修复画笔"工具 ◈.。

➡ 反复按 Shift+J 组合键。

启用"污点修复画笔"工具 ◈.，属性栏将显示图 4-97 所示的状态。

图 4-97

在"污点修复画笔"工具属性栏中,"画笔预设" ● 选项可以选择修复画笔的大小。单击"画笔预设"选项右侧的按钮 ,在弹出的画笔选择面板中,可以设置画笔的大小、硬度、间距、角度、圆度和压力大小,如图 4-98 所示。在"模式"选项的弹出式菜单中可以选择复制像素或填充图案与底图的混合模式。选择"近似匹配"按钮能使用选区边缘的像素来查找用作选定区域修补的图像区域。选择"创建纹理"按钮能使用选区中的所有像素创建一个用于修复该区域的纹理。

使用"污点修复画笔"工具:打开一幅图像,如图 4-99 所示。选择"污点修复画笔"工具 ,在属性栏中设置画笔的大小,在图像中需要修复的位置单击鼠标左键,修复的效果如图 4-100 所示。

图 4-98　　　　　　　图 4-99　　　　　　　图 4-100

2. 修复画笔工具

"修复画笔"工具可以将取样点的像素信息非常自然地复制到图像的破损位置,并保持图像的亮度、饱和度、纹理等属性,使修复的效果更加自然逼真。启用"修复画笔"工具 ,有以下两种方法。

→ 单击工具箱中的"修复画笔"工具 。

→ 反复按 Shift+J 组合键。

启用"修复画笔"工具 ,属性栏将显示图 4-101 所示的状态。

图 4-101

在"修复画笔"工具属性栏中,"源"选项可以设置修复区域的源。选择"取样"按钮后,按住 Alt 键,此时鼠标指针由修复画笔工具图标变为圆形十字 图标,单击定下样本的取样点,松开鼠标左键,在图像中要修复的位置单击并按住鼠标,拖曳鼠标复制出取样点的图像;选择"图案"按钮后,可以在右侧的选项中选择图案或自定义图案来填充图像;勾选"对齐"复选框,下一次的复制位置会和上次的完全重合。图像的复制不会因为重新复制而出现错位。

使用"修复画笔"工具:打开一幅图片,选择"修复画笔"工具 ,按住 Alt 键的同时,鼠标指针变为圆形十字图标 ,如图 4-102 所示,单击确定取样点,松开鼠标。在要修复的区域单击,修复图像,如图 4-103 所示。用相同的方法修复其他图像,效果如图 4-104 所示。

在"修复画笔"工具的属性栏中选择需要的图案,如图 4-105 所示。使用"修复画笔"工具填充图案的效果如图 4-106 所示。

单击属性栏中的"切换仿制源面板"按钮 ,弹出"仿制源"控制面板,如图 4-107 所示。

仿制源:激活按钮后,按住 Alt 键的同时,使用"修复画笔"工具在图像中单击可以设置取样点。单击下一个仿制源按钮,可以继续取样。

图 4-102　　　　　图 4-103　　　　　图 4-104

图 4-105　　　　　图 4-106　　　　　图 4-107

源：指定 x 轴和 y 轴的像素位移，可以在相对于取样点的精确位置进行仿制。

W/H：可以缩放所仿制的源。

旋转：在文本框中输入旋转角度，可以旋转仿制的源。

翻转：单击"水平翻转"按钮或"垂直翻转"按钮，可以水平或垂直翻转仿制源。

复位变换：将 W、H、角度值和翻转方向恢复到默认的状态。

显示叠加：勾选此复选框并设置了叠加方式后，在使用修复工具时，可以更好地查看叠加效果以及下面的图像。

不透明度：用来设置叠加图像的不透明度。

已剪切：可以将叠加剪切到画笔大小。

自动隐藏：可以在应用绘画描边时隐藏叠加。

反相：可以反相叠加颜色。

4.2.4　课堂案例——制作体育世界公众号封面次图

案例学习目标

学习使用修复画笔工具修饰人物效果。

案例知识要点

使用污点修复画笔工具去除斑点，使用修复画笔工具修复眼角皱纹，最终效果如图 4-108 所示。

图 4-108

扫码观看　　　扫码查看
本案例视频　　扩展案例

效果所在位置

云盘/Ch04/效果/制作体育世界公众号封面次图.psd。

（1）按 Ctrl+O 组合键，打开云盘中的"Ch04 > 素材 > 制作体育世界公众号封面次图 > 01"文件，如图 4-109 所示。将"背景"图层拖曳到"图层"控制面板下方的"创建新图层"按钮 □ 上进行复制，生成新的图层"背景 拷贝"，如图 4-110 所示。

图 4-109

图 4-110

（2）选择"缩放"工具 🔍，将图像的局部放大。选择"污点修复画笔"工具 ✐，在属性栏中单击"画笔预设"选项右侧的按钮 ✓，在弹出的画笔选择面板中设置修复画笔的大小，如图 4-111 所示。在图像中右眼上方需要修复的斑点处单击鼠标左键，效果如图 4-112 所示。按[或]键，适当调整画笔大小，用相同的方法在其他脸部位置多次进行操作，将所有斑点全部修复，效果如图 4-113 所示。

图 4-111

图 4-112

图 4-113

（3）选择"修复画笔"工具 🖊，按住 Alt 键的同时，在人物面部皮肤较好的地方单击鼠标左键，选择取样点，如图 4-114 所示。用光标在要去除的眼角皱纹上涂抹，取样点区域的图像应用到涂抹的眼角皱纹上，如图 4-115 所示。

（4）多次进行操作，将左眼角皱纹修复。用相同的方法，将右眼角皱纹修复，效果如图 4-116 所示。至此，体育世界公众号封面次图制作完成。

图 4-114   图 4-115   图 4-116

4.2.5 修补工具、内容感知移动工具与红眼工具的使用

"修补"工具可以对图像进行修补。"红眼"工具可以对图像的颜色进行改变。

1. 修补工具

"修补"工具可以用图像中的其他区域来修补当前选中的需要修补的区域，也可以使用图案来修补需要修补的区域。

启用"修补"工具 🔘，有以下两种方法。

➔ 单击工具箱中的"修补"工具 🔘。

➔ 反复按 Shift+J 组合键。

启用"修补"工具 🔘，属性栏将显示图 4-117 所示的状态。

图 4-117

在"修补"工具属性栏中，▣ ▣ ▣ ▣ 为选择修补选区方式的选项。"新选区"按钮 ▣ 用于去除旧选区，绘制新选区；"添加到选区"按钮 ▣ 用于在原有选区的基础上再增加新的选区；"从选区减去"按钮 ▣ 用于在原有选区的基础上减去新选区的部分；"与选区交叉"按钮 ▣ 用于选择新旧选区重叠的部分。

使用"修补"工具：打开一幅图像，用"修补"工具 🔘 圈选图像中的千纸鹤，如图 4-118 所示。选中"修补"工具属性栏中的"源"按钮，在圈选的纸鹤中单击并按住鼠标左键，拖曳鼠标将选区放置到需要的位置，效果如图 4-119 所示。松开鼠标左键，选中的纸鹤被新放置的选取位置的图像所修补，效果如图 4-120 所示。按 Ctrl+D 组合键，取消选区，修补的效果如图 4-121 所示。

选中"修补"工具属性栏中的"目标"按钮，用"修补"工具 🔘 圈选图像中的区域，效果如图 4-122 所示。再将选区拖曳到要修补的图像区域，效果如图 4-123 所示。圈选图像中的区域修补了图像中的纸鹤，如图 4-124 所示。按 Ctrl+D 组合键，取消选区，修补效果如图 4-125 所示。

图 4-118   图 4-119   图 4-120   图 4-121

图 4-122   图 4-123   图 4-124   图 4-125

　　用"修补"工具 ◉ 在图像中圈选出需要使用图案的选区，如图 4-126 所示。"修补"工具属性栏中的"使用图案"选项变为可用，选择需要的图案，如图 4-127 所示。单击"使用图案"按钮，在选区中填充了所选的图案，按 Ctrl+D 组合键，取消选区，填充效果如图 4-128 所示。

图 4-126   图 4-127   图 4-128

　　使用图案进行修补时，可以选择"修补"工具属性栏中的"透明"选项，将用来修补的图案变为透明。用"修补"工具 ◉ 在图像中圈选出需要使用图案的选区，如图 4-129 所示。选择需要的图案，再选择"透明"选项，如图 4-130 所示。单击"使用图案"按钮，在选区中填充了透明的图案，按 Ctrl+D 组合键，取消选区，填充图案的效果如图 4-131 所示。

图 4-129   图 4-130   图 4-131

2. 内容感知移动工具

"内容感知移动"工具可以选择和移动图像的一部分。移动后图像重新组合，留下的空洞区域使用图像中的匹配元素填充。启用"内容感知移动"工具 ✖，有以下两种方法。

➜ 单击工具箱中的"内容感知移动"工具 ✖。

➜ 反复按 Shift+J 组合键。

启用"内容感知移动"工具 ✖，属性栏显示图 4-132 所示的状态。

图 4-132

在"内容感知移动"工具的属性栏中，"模式"选项用于选择重新混合的模式；"结构"选项用于选择区域保留的严格程度；"颜色"选项可以调整修改源色彩的程度；勾选"投影时变换"复选框，可以在制作混合时旋转和缩放选区。

使用"内容感知移动"工具：打开一幅图片，如图 4-133 所示。启用"内容感知移动"工具 ✖，在"内容感知移动"工具属性栏中将"模式"设置为"移动"，在窗口中单击并拖曳鼠标绘制选区，将心形选中，如图 4-134 所示。将光标放置在选区中，单击并向左下方拖曳鼠标，如图 4-135 所示。松开鼠标后，单击工具属性栏中的"提交变换"按钮 ✓，或按 Enter 键，将心形移动到新位置，如图 4-136 所示。

图 4-133　　　　　图 4-134　　　　　图 4-135　　　　　图 4-136

打开一幅图片，如图 4-137 所示。启用"内容感知移动"工具 ✖，在"内容感知移动"工具属性栏中将"模式"设置为"扩展"，在窗口中单击并拖曳鼠标绘制选区，将心形选中，如图 4-138 所示。将光标放置在选区中，单击并向左下方拖曳鼠标，如图 4-139 所示。松开鼠标后，单击工具属性栏中的"提交变换"按钮 ✓，或按 Enter 键，将心形移动到新位置，如图 4-140 所示。

图 4-137　　　　　图 4-138　　　　　图 4-139　　　　　图 4-140

3. 红眼工具

使用"红眼"工具可移去用闪光灯拍摄的人物照片中的红眼。启用"红眼"工具 ，有以下两种方法。

→ 单击工具箱中的"红眼"工具 。

→ 反复按 Shift+J 组合键。

启用"红眼"工具 ，属性栏显示图 4-141 所示的状态。

图 4-141

在"红眼"工具的属性栏中，"瞳孔大小"选项用于设置瞳孔的大小；"变暗量"选项用于设置瞳孔的暗度。

使用"红眼"工具：打开一幅人物照片，效果如图 4-142 所示。启用"红眼"工具 ，并按需要在"红眼"工具的属性栏中进行设置，如图 4-143 所示。在照片中瞳孔的位置单击，如图 4-144 所示。去除照片中的红眼，效果如图 4-145 所示。

图 4-142　　　　图 4-143　　　　图 4-144　　　　图 4-145

4.2.6　模糊工具、锐化工具和涂抹工具的使用

"模糊"工具用于使图像的色彩变模糊。"锐化"工具用于使图像的色彩变强烈。"涂抹"工具用于制作出一种类似于水彩画的效果。

1. 模糊工具

单击工具箱中的"模糊"工具 ，属性栏将显示图 4-146 所示的状态。

图 4-146

在"模糊"工具属性栏中，"画笔预设"选项用于选择画笔的形状；"模式"选项用于设定绘画模式；"强度"选项用于设定描边强度；"对所有图层取样"选项用于确定模糊工具是否对所有可见层起作用。

使用"模糊"工具：启用"模糊"工具 ，在"模糊"工具属性栏中，如图 4-147 所示进行设定。在图像中单击并按住鼠标左键，拖曳鼠标可使图像产生模糊的效果。原图像和模糊后的图像效果如图 4-148 所示。

图 4-147

图 4-148

2. 锐化工具

单击工具箱中的"锐化"工具 △.，属性栏将显示图 4-149 所示的状态。其属性栏中的选项内容与"模糊"工具属性栏的选项内容类似。

图 4-149

使用"锐化"工具：启用"锐化"工具 △.，在"锐化"工具属性栏中，如图 4-150 所示进行设定。在图像中单击并按住鼠标左键，拖曳鼠标可使图像产生锐化的效果。原图像和锐化后的图像效果如图 4-151 所示。

图 4-150

图 4-151

3. 涂抹工具

单击工具箱中的"涂抹"工具 ✍.，属性栏将显示图 4-152 所示的状态。其属性栏中的选项内容与"模糊"工具属性栏的选项内容类似，只是多了一个"手指绘画"选项，用于设定是否按前景色进行涂抹。

图 4-152

使用"涂抹"工具：启用"涂抹"工具 ✍.，在"涂抹"工具属性栏中，如图 4-153 所示进行设定。在图像中单击并按住鼠标左键，拖曳鼠标使图像产生涂抹的效果。原图像和涂抹后的图像效果如图 4-154 所示。

图 4-153

图 4-154

4.2.7　减淡工具、加深工具和海绵工具的使用

"减淡"工具用于使图像的亮度提高。"加深"工具用于使图像的亮度降低。"海绵"工具用于增加或减少图像的色彩饱和度。

1. **减淡工具**

启用"减淡"工具 🔍，有以下两种方法。

➡️ 单击工具箱中的"减淡"工具 🔍。

➡️ 反复按 Shift+O 组合键。

启用"减淡"工具 🔍，属性栏将显示图 4-155 所示的状态。"画笔预设"选项用于选择画笔的形状；"范围"选项用于设定绘画模式；"曝光度"选项用于设定描边的曝光。勾选"保护色调"复选框，用于防止颜色发生色相偏移。

图 4-155

使用"减淡"工具：启用"减淡"工具 🔍，在"减淡"工具属性栏中，如图 4-156 所示进行设定。在图像中单击并按住鼠标左键，拖曳鼠标使图像产生减淡的效果。原图像和减淡后的图像效果如图 4-157 所示。

图 4-156

图 4-157

2. **加深工具**

启用"加深"工具 ✋，有以下两种方法。

➡️ 单击工具箱中的"加深"工具 ✋。

➡️ 反复按 Shift+O 组合键。

启用"加深"工具 ，属性栏将显示图 4-158 所示的状态。其属性栏中的选项内容与"减淡"工具属性栏选项内容的作用正好相反。

图 4-158

使用"加深"工具：启用"加深"工具 ，在"加深"工具属性栏中，如图 4-159 所示进行设定。在图像中单击并按住鼠标左键，拖曳鼠标使图像产生加深的效果。原图像和加深后的图像效果如图 4-160 所示。

图 4-159

图 4-160

3. 海绵工具

启用"海绵"工具 ，有以下两种方法。

➡ 单击工具箱中的"海绵"工具 。

➡ 反复按 Shift+O 组合键。

启用"海绵"工具 ，属性栏将显示图 4-161 所示的状态。"画笔预设"选项用于选择画笔的形状；"模式"选项用于设定饱和度处理方式；"流量"选项用于设定饱和度的更改速度。勾选"自然饱和度"复选框，用于控制饱和度的自然程度，以防止颜色过于饱和而出现溢色。

图 4-161

使用"海绵"工具：启用"海绵"工具 ，在"海绵"工具属性栏中，如图 4-162 所示进行设定。在图像中单击并按住鼠标左键，拖曳鼠标使图像产生增加色彩饱和度的效果。原图像和使用"海绵"工具后的图像效果如图 4-163 所示。

图 4-162

图 4-163

4.3 填充工具的使用

使用填充工具可以对选定的区域进行色彩或图案的填充。下面，将具体介绍填充工具的使用方法和操作技巧。

4.3.1 渐变工具和油漆桶工具的使用

使用"渐变"工具可以在图像或图层中形成一种色彩渐变的效果。使用"油漆桶"工具可以在图像或选区中对指定色差范围内的色彩区域进行色彩或图案填充。

1. 渐变工具

启用"渐变"工具 ，有以下两种方法。

➡ 单击工具箱中的"渐变"工具 。

➡ 反复按 Shift+G 组合键。

"渐变"工具属性栏上有"线性渐变"按钮 、"径向渐变"按钮 、"角度渐变"按钮 、"对称渐变"按钮 和"菱形渐变"按钮 。启用"渐变"工具 ，属性栏将显示图 4-164 所示的状态。

图 4-164

在"渐变"工具属性栏中，"点按可编辑渐变"按钮 用于选择和编辑渐变的色彩； 选项用于选择渐变类型，包括线性渐变、径向渐变、角度渐变、对称渐变、菱形渐变；"模式"选项用于选择着色的模式；"不透明度"选项用于设定不透明度；"反向"选项用于产生反向色彩渐变的效果；"仿色"选项用于使渐变更平滑；"透明区域"选项用于产生不透明度。

如果要自行编辑渐变形式和色彩，可单击"点按可编辑渐变"按钮 ，在弹出图 4-165 所示的"渐变编辑器"对话框中进行操作即可。

图 4-165

（1）设置渐变颜色。

在"渐变编辑器"对话框中，单击颜色编辑框下方的适当位置，可以增加色标，如图 4-166 所示。颜色可以进行调整，在下面的"颜色"选项中选择颜色，或双击刚建立的颜色按钮，弹出"拾色器（色标颜色）"对话框，如图 4-167 所示，在其中选择适合的颜色，单击"确定"按钮，颜色就改变了。色标的位置也可以进行调整，在"位置"选项中输入数值或用鼠标直接拖曳色标滑块，都可以调整色标的位置。

任意选择一个色标滑块，如图 4-168 所示，单击下面的"删除"按钮 ，或按 Delete 键，可以将色标删除，如图 4-169 所示。

在"渐变编辑器"对话框中，单击颜色编辑框左上方的黑色不透明度色标，如图 4-170 所示。再调整"不透明度"选项，可以使开始的颜色到结束的颜色显示透明的效果，如图 4-171 所示。

图 4-166

图 4-167

图 4-168

图 4-170

图 4-169

图 4-171

在"渐变编辑器"对话框中，单击颜色编辑框的上方，会出现新的不透明度色标，如图 4-172 所示。调整"不透明度"选项，可以使新不透明度色标的颜色向两边的颜色出现过渡式的透明效果，如图 4-173 所示。如果想删除终点，单击下面的"删除"按钮 删除(D) ，或按 Delete 键，即可将终点删除。

图 4-172

图 4-173

（2）使用"渐变"工具。

选择不同的渐变类型按钮 ，在图像中单击并按住鼠标左键，拖曳鼠标到适当的位置，松开鼠标左键，可以绘制出不同的渐变效果，如图 4-174 所示。

图 4-174

2. 油漆桶工具

启用"油漆桶"工具 ⬦，有以下两种方法。

➡ 单击工具箱中的"油漆桶"工具 ⬦。

➡ 反复按 Shift+G 组合键。

启用"油漆桶"工具 ⬦，属性栏将显示图 4-175 所示的状态。

图 4-175

在"油漆桶"工具属性栏中，前景 选项用于选择填充的是前景色或是图案；"图案"选项用于选择定义好的图案；"模式"选项用于选择填充的模式；"不透明度"选项用于设定不透明度；"容差"选项用于设定色差的范围，数值越小，容差越小，填充的区域也越小；"消除锯齿"选项用于消除边缘锯齿；"连续的"选项用于设定只填充连续像素；"所有图层"选项用于选择是否对所有可见层进行填充。

使用"油漆桶"工具：启用"油漆桶"工具 ⬦，在"油漆桶"工具属性栏中对"容差"选项进行不同的设定，如图 4-176 和图 4-177 所示。原图像效果如图 4-178 所示。用"油漆桶"工具 ⬦在图像中填充，不同的填充效果如图 4-179 和图 4-180 所示。

图 4-176

图 4-177

图 4-178   图 4-179   图 4-180

在"油漆桶"工具属性栏中设置图案，如图 4-181 所示，用"油漆桶"工具 在图像中填充图案，效果如图 4-182 所示。

图 4-181

图 4-182

4.3.2 填充命令的使用

选择"填充"命令可以对选定的区域进行填色。

1.填充命令对话框

选择"编辑 > 填充"命令，或按 Shift+F5 组合键，系统将弹出"填充"对话框，如图 4-183 所示。

在"填充"对话框中，"内容"选项用于选择填充方式，包括使用前景色、背景色、颜色、内容识别、图案、历史记录、黑色、50%灰色、白色进行填充；"模式"选项用于设置填充模式；"不透明度"选项用于调整不透明度。

图 4-183

2.填充颜色

打开一幅图像，在图像中绘制出选区，效果如图 4-184 所示。选择"编辑 > 填充"命令，弹出"填充"对话框，如图 4-185 所示进行设定，单击"确定"按钮，填充的效果如图 4-186 所示。

图 4-184

图 4-185

图 4-186

技巧

按 Alt+Backspace 组合键，可使用前景色填充选区或图层。按 Ctrl+Backspace 组合键，可使用背景色填充选区或图层。按 Delete 键，将删除选区内的图像，露出背景色或下面的图像。

打开一幅图像，绘制出要定义为图案的选区，如图 4-187 所示。选择"编辑 > 定义图案"命令，弹出"图案名称"对话框，如图 4-188 所示，单击"确定"按钮，图案定义完成。按 Ctrl+D 组合键，取消图像选区。

图 4-187   图 4-188

选择"编辑 > 填充"命令，弹出"填充"对话框。在"自定图案"选项中选择新定义的图案，如图 4-189 所示进行设定，单击"确定"按钮，填充的效果如图 4-190 所示。

图 4-189   图 4-190

在"填充"对话框的"模式"选项中选择不同的填充模式，如图 4-191 所示进行设定，单击"确定"按钮，填充的效果如图 4-192 所示。

图 4-191   图 4-192

4.3.3 课堂案例——制作应用商店类 UI 图标

 案例学习目标

学习使用渐变工具和填充命令制作应用商店类 UI 图标。

 案例知识要点

使用"路径"控制面板、渐变工具和填充命令制作应用商店类 UI 图标；最终效果如图 4-193 所示。

扫码观看　　　扫码查看
本案例视频　　扩展案例

图 4-193

效果所在位置

云盘/Ch04/效果/制作应用商店类 UI 图标.psd。

（1）按 Ctrl+O 组合键，打开云盘中的"Ch04＞素材＞制作应用商店类 UI 图标＞01"文件，"路径"控制面板显示如图 4-194 所示。选中"路径 1"，如图 4-195 所示，图像效果如图 4-196 所示。

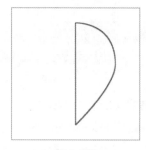

图 4-194　　　　　　　　　图 4-195　　　　　　　　　图 4-196

（2）返回到"图层"控制面板中，新建图层并将其命名为"红色渐变"。按 Ctrl+Enter 组合键，将路径转换为选区，如图 4-197 所示。选择"渐变"工具 ，单击属性栏中的"点按可编辑渐变"按钮 ，弹出"渐变编辑器"对话框，将渐变颜色设为从橘红色（230、60、0）到浅红色（255、144、102），如图 4-198 所示，单击"确定"按钮。选中属性栏中的"线性渐变"按钮 ，按住 Shift 键的同时，在选区中由左至右拖曳光标填充渐变色，按 Ctrl+D 组合键，取消选区，效果如图 4-199 所示。

图 4-197　　　　　　　　　图 4-198　　　　　　　　　图 4-199

（3）在"路径"控制面板中，选中"路径 2"，图像效果如图 4-200 所示。返回到"图层"控制面板中，新建图层并将其命名为"蓝色渐变"。按 Ctrl+Enter 组合键，将路径转换为选区，如图 4-201 所示。

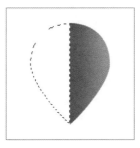

图 4-200   图 4-201

（4）选择"渐变"工具 ，单击属性栏中的"点按可编辑渐变"按钮 ，弹出"渐变编辑器"对话框，将渐变颜色设为从蓝色（0、108、183）到浅蓝色（124、201、255），如图 4-202 所示，单击"确定"按钮。按住 Shift 键的同时，在选区中由右至左拖曳光标填充渐变色，按 Ctrl+D 组合键，取消选区，效果如图 4-203 所示。

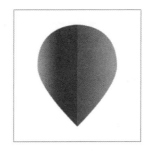

图 4-202   图 4-203

（5）用相同的方法分别选中"路径 3"和"路径 4"，制作"绿色渐变"和"橙色渐变"，效果如图 4-204 所示。在"路径"控制面板中，选中"路径 5"，图像效果如图 4-205 所示。返回到"图层"控制面板中，新建图层并将其命名为"白色"。按 Ctrl+Enter 组合键，将路径转换为选区，如图 4-206 所示。

图 4-204   图 4-205   图 4-206

（6）选择"编辑 > 填充"命令，弹出"填充"对话框，设置如图 4-207 所示；单击"确定"按钮，效果如图 4-208 所示。

图 4-207   图 4-208

（7）按 Ctrl+D 组合键，取消选区，至此，应用商店类 UI 图标制作完成，效果如图 4-209 所示。将图标应用在手机中，会自动应用圆角遮罩图标，呈现出圆角效果，如图 4-210 所示。

图 4-209   图 4-210

4.3.4 描边命令的使用

使用"描边"命令可以将选定区域的边缘用前景色描绘出来。

1. 描边命令对话框

选择"编辑 > 描边"命令，弹出"描边"对话框，如图 4-211 所示。

在"描边"对话框中，"描边"选项组用于设定边线的宽度和边线的颜色；"位置"选项组用于设定所描边线相对于区域边缘的位置，包括内部、居中和居外 3 个选项；"混合"选项组用于设置描边模式和不透明度。

图 4-211

2. 制作描边效果

打开一幅图像，如图 4-212 所示。使用"磁性套索"工具 沿花的边缘绘制出需要的选区，如图 4-213 所示。

选择"编辑 > 描边"命令，弹出"描边"对话框，如图 4-214 所示进行设定。单击"确定"按钮，按 Ctrl+D 组合键，取消选区，描边的效果如图 4-215 所示。

在"描边"对话框中将"模式"选项设定为"叠加"，如图 4-216 所示。单击"确定"按钮，按 Ctrl+D 组合键，取消选区，描边的效果如图 4-217 所示。

图 4-212

图 4-213

图 4-214

图 4-215

图 4-216

图 4-217

4.3.5　课堂案例——制作女装活动页 H5 首页

 案例学习目标

学习描边命令的使用方法。

 案例知识要点

使用矩形选框工具、描边命令制作白色边框；使用投影命令为香蕉边框添加阴影效果；使用横排文字工具添加文字信息；最终效果如图 4-218 所示。

效果所在位置

云盘/Ch04/效果/制作女装活动页 H5 首页.psd。

扫码观看　　扫码查看
本案例视频　扩展案例

图 4-218

（1）按 Ctrl+N 组合键，弹出"新建文档"对话框，设置宽度为 750 像素，高度为 1 206 像素，分辨率为 72 像素/英寸，颜色模式为 RGB，背景内容为蓝色（1、176、206），单击"创建"按钮，新建一个文件。

（2）按 Ctrl+O 组合键，打开云盘中的"Ch04 > 素材 > 制作女装活动页 H5 首页 > 01、02、03"文件，选择"移动"工具，分别将"01""02""03"图片拖曳到新建图像窗口中适当的位置，效果如图 4-219 所示，在"图层"控制面板中分别生成新图层并将其命名为"点""线条"和"人物"，如图 4-220 所示。

（3）新建图层并将其命名为"白色边框"。选择"矩形选框"工具，在图像窗口中拖曳鼠标绘制矩形选区，如图

图 4-219　　　　　　　图 4-220

4-221 所示。选择"编辑 > 描边"命令，弹出"描边"对话框，将描边颜色设为白色，其他选项的设置如图 4-222 所示，单击"确定"按钮；按 Ctrl+D 组合键，取消选区，效果如图 4-223 所示。

图 4-221　　　　　　　图 4-222　　　　　　　图 4-223

（4）在"图层"控制面板中，将"白色边框"图层拖曳到"人物"图层的下方，如图 4-224 所示，图像效果如图 4-225 所示。

（5）按 Ctrl+O 组合键，打开云盘中的"Ch04 > 素材 > 制作女装活动页 H5 首页 > 04"文件，选择"移动"工具，将香蕉图片拖曳到图像窗口中适当的位置，效果如图 4-226 所示，在"图层"控制面板中生成新图层并将其命名为"香蕉边框"。

图 4-224　　　　　　　　图 4-225　　　　　　　　图 4-226

（6）按住 Ctrl 键的同时，单击"香蕉边框"图层的缩览图，图像周围生成选区，如图 4-227 所示。选择"编辑 > 描边"命令，弹出"描边"对话框，将描边颜色设为白色，其他选项的设置如图 4-228 所示，单击"确定"按钮；按 Ctrl+D 组合键，取消选区，效果如图 4-229 所示。

图 4-227　　　　　　　　图 4-228　　　　　　　　图 4-229

（7）选择"移动"工具，在图像窗口中向左拖曳香蕉图片到适当的位置，效果如图 4-230 所示。单击"图层"控制面板下方的"添加图层样式"按钮 fx.，在弹出的菜单中选择"投影"命令，弹出对话框，将阴影颜色设为深蓝色（1、85、99），其他选项的设置如图 4-231 所示，单击"确定"按钮，效果如图 4-232 所示。

图 4-230　　　　　　　　图 4-231　　　　　　　　图 4-232

（8）选择"移动"工具，按住 Alt 键的同时，分别拖曳香蕉图片到适当的位置，复制图片；调整其大小和顺序，并旋转到合适的角度，效果如图 4-233 所示。

（9）按 Ctrl+O 组合键，打开云盘中的"Ch04 > 素材 > 制作女装活动页 H5 首页 > 05"文件，选择"移动"工具 ⊕，将文字图片拖曳到图像窗口中适当的位置，效果如图 4-234 所示，在"图层"控制面板中生成新图层并将其命名为"文字"。按住 Ctrl 键的同时，单击"文字"图层的缩览图，图像周围生成选区，如图 4-235 所示。

图 4-233　　　　　图 4-234　　　　　　　　　图 4-235

（10）选择"编辑 > 描边"命令，弹出"描边"对话框，将描边颜色设为白色，其他选项的设置如图 4-236 所示，单击"确定"按钮；按 Ctrl+D 组合键，取消选区，效果如图 4-237 所示。

图 4-236　　　　　　　　　　　图 4-237

（11）将前景色设为白色。选择"横排文字"工具 T，在适当的位置分别输入需要的文字并选取文字，在属性栏中选择合适的字体并设置大小，效果如图 4-238 所示，在"图层"控制面板中生成新的文字图层。

（12）选取文字"KaiYa"，按 Alt+ →组合键，调整文字适当的间距，效果如图 4-239 所示。取消文字选取状态，至此，女装活动页 H5 首页制作完成，效果如图 4-240 所示。

图 4-238　　　　　　图 4-239　　　　　　　图 4-240

课后习题——制作美妆教学类公众号封面首图

习题知识要点

使用缩放工具调整图像大小；使用仿制图章工具修饰碎发；使用修复画笔工具和污点修复画笔工具修饰雀斑；使用加深工具修饰头发和嘴唇；使用减淡工具修饰脸部；最终效果如图 4-241 所示。

图 4-241

扫码观看
本案例视频

效果所在位置

云盘/Ch04/效果/制作美妆教学类公众号封面首图.psd。

05

第 5 章
编辑图像

本章将详细介绍 Photoshop CC 2019 的图像编辑功能，对编辑图像的方法和技巧进行更系统的讲解。读者通过学习本章需要了解并掌握图像的编辑方法和应用技巧，为进一步编辑和处理图像打下坚实的基础。

课堂学习目标

- ✔ 了解图像编辑工具的使用
- ✔ 掌握图像的移动、复制和删除方法
- ✔ 掌握图像的裁剪和变换方法

5.1 图像编辑工具的使用

使用图像编辑工具对图像进行编辑和整理，可以提高用户编辑和处理图像的效率。

5.1.1 注释工具

"注释"工具可以为图像增加注释，其中包括文字附注和数字计数。

1. 注释工具

使用"注释"工具可以为图像增加文字附注，从而起到提示作用。启用"注释"工具 ，有以下两种方法。

➡ 单击工具箱中的"注释"工具 。

➡ 反复按 Shift+I 组合键。

启用"注释"工具 ，属性栏将显示图 5-1 所示的状态。

图 5-1

在"注释"工具属性栏中，"作者"选项用于输入作者姓名；"颜色"选项用于设置注释窗口的颜色；"清除全部"按钮用于清除所有注释；"显示或隐藏注释面板"按钮 用于隐藏或打开注释面板，编辑注释文字。

2. 计数工具

当图像中有很多物体时，用计数工具计数可以方便统计。启用"计数"工具 ，有以下几种方法。

➡ 单击工具箱中的"计数"工具 。

➡ 反复按 Shift+I 组合键。

启用"计数"工具 ，属性栏将显示图 5-2 所示的状态。

图 5-2

在"计数"工具属性栏中，"计数"选项用于显示当前所统计到的数字； 计数组 1 选项用于显示当前为第几计数组和修改当前计数组的名称；"切换计数组的可见性"按钮 用于显示或隐藏数字；"创建新的计数组"按钮 用于创建一个新的计数组；"删除当前所选计数组"按钮 用于删除当前所选中的计数组；"清除"按钮 清除 用于清除当前所选计数组的所有数字；"计数组颜色" 选项用于设置计数工具数字的颜色；"标记大小"选项用于设置标记的大小；"标签大小"选项用于设置数字的大小。

打开一幅图像，如图 5-3 所示，为图像添加计数组，效果如图 5-4 所示，在属性栏中的设置如图 5-5 所示。

图 5-3   图 5-4

| 1²³ ∨ | 计数：3 | | 计数组 1 | ∨ | 👁 📁 🗑 | 清除 | ⬛ | 标记大小：8 | 标签大小：25 |

图 5-5

5.1.2　课堂案例——制作展示油画

案例学习目标

学习使用图像编辑工具对图像进行裁剪和注释。

案例知识要点

使用标尺工具和裁剪工具制作照片；使用注释工具为图像添加注释；最终效果如图 5-6 所示。

扫码观看　　扫码查看
本案例视频　扩展案例

图 5-6

效果所在位置

云盘/Ch05/效果/制作展示油画.psd。

（1）按 Ctrl+O 组合键，打开云盘中的"Ch05 > 素材 > 制作展示油画 > 01"文件，如图 5-7 所示。选择"标尺"工具 ▭，在图像窗口的左下方单击鼠标并向右下方拖曳鼠标出现测量的线段，松开鼠标，确定测量的终点，如图 5-8 所示。

（2）单击属性栏的 拉直图层 按钮，拉直图像，效果如图 5-9 所示。选择"裁剪"工具 🔲，在图像窗口中拖曳鼠标，绘制矩形裁切框，按 Enter 键确认操作，效果如图 5-10 所示。

（3）按 Ctrl+O 组合键，打开云盘中的"Ch05 > 素材 > 制作展示油画 > 02"文件，如图 5-11 所示。选择"魔棒"工具 🖌，在属性栏中将"容差"选项设为 32，勾选"连续"复选框。在图像窗口中的白色矩形区域单击鼠标左键，图像周围生成选区，如图 5-12 所示。

图 5-7   图 5-8

图 5-9   图 5-10

图 5-11   图 5-12

（4）选择"选择 > 修改 > 扩展"命令，在弹出的"扩展选区"对话框中进行设置，如图 5-13 所示，单击"确定"按钮，将选区进行扩大。按 Ctrl+J 组合键，将选区中的图像拷贝到新图层。在"图层"控制面板中生成新的图层并将其命名为"白色矩形"，如图 5-14 所示。

图 5-13   图 5-14

（5）单击"图层"控制面板下方的"添加图层样式"按钮 fx，在弹出的菜单中选择"内阴影"命令，在弹出的对话框中进行设置，如图 5-15 所示。单击"确定"按钮，效果如图 5-16 所示。

图 5-15　　　　　　　　　　　　　　　　　　图 5-16

（6）选择"移动"工具 ，将"01"图像拖曳到"02"图像窗口中，并调整其大小和位置，效果如图 5-17 所示。在"图层"控制面板中生成新的图层并将其命名为"画"。按 Alt+Ctrl+G 组合键，创建剪贴蒙版，效果如图 5-18 所示。

（7）选择"注释"工具 ，在图像窗口中单击鼠标，弹出"注释"控制面板，在面板中输入文字，如图 5-19 所示。至此，装饰画制作完成，效果如图 5-20 所示。

图 5-17　　　　　　　图 5-18　　　　　　　图 5-19　　　　　　　图 5-20

5.1.3　标尺工具

使用"标尺"工具可以在图像中测量任意两点之间的距离，并可以测量角度。启用"标尺"工具 ，有以下几种方法。

▶ 单击工具箱中的"标尺"工具 。

▶ 反复按 Shift+I 组合键。

启用"标尺"工具 ，其具体数值显示在图 5-21 所示的"标尺"工具属性栏和信息控制面板中。利用"标尺"工具可以进行精确的图形图像绘制。

图 5-21

1. 使用标尺工具

打开一幅图像，选择"标尺"工具 ，将光标放到图像中，显示标尺图标，如图 5-22 所示。在图像中单击确定测量的起点，拖曳鼠标出现测量的线段，再次单击左键，在适当的位置确定测量的终点，效果如图 5-23 所示，测量的结果就会显示出来。"信息"控制面板中的内容和"标尺"工具属性栏中的内容是相同的，如图 5-24 和图 5-25 所示。

图 5-22

图 5-23

图 5-24

| 🔲 ∨ | X: 412.00 | Y: 90.00 | W: 0.00 | H: 274.00 | A: -90.0° | L1: 274.00 | L2: | ☐ 使用测量比例 | 拉直图层 | 清除 |

图 5-25

2. "信息"控制面板

"信息"控制面板可以显示图像中鼠标指针所在位置的信息和图像中选区的大小。选择"窗口 > 信息"命令，弹出"信息"控制面板，如图 5-26 所示。

在"信息"控制面板中，"R、G、B"数值表示光标在图像中所在色彩区域的相应 RGB 色彩值；"A、L"数值表示光标在当前图像中所处的角度；"X、Y"数值表示光标在当前图像中所处的坐标值；"W、H"数值表示图像选区的宽度和高度。

图 5-26

5.1.4 课堂案例——制作旅游公众号首图

📋 案例学习目标

学习使用标尺和拉直图层按钮校正倾斜照片。

📋 案例知识要点

使用标尺工具和拉直图层按钮校正倾斜照片；使用色阶命令调整照片颜色；使用横排文字工具添加文字信息；最终效果如图 5-27 所示。

图 5-27

扫码观看
本案例视频

扫码查看
扩展案例

◉ 效果所在位置

云盘/Ch05/效果/制作旅游公众号首图.psd。

（1）按 Ctrl+N 组合键，弹出"新建文档"对话框，设置宽度为 1 175 像素，高度为 500 像素，分辨率为 72 像素/英寸，颜色模式为 RGB，背景内容为白色，单击"创建"按钮，新建一个文件。

（2）按 Ctrl+O 组合键，打开云盘中的"Ch05 > 素材 > 制作旅游公众号首图 > 01"文件，选择"移动"工具 ⊕，将图片拖曳到图像窗口中适当的位置，并调整其大小，效果如图 5-28 所示，在"图层"控制面板中生成新图层并将其命名为"图片"。

图 5-28

（3）选择"标尺"工具 ▭，在图像窗口的左侧单击鼠标并向右下侧拖曳鼠标出现测量的线段，如图 5-29 所示；松开鼠标，确定测量的终点，如图 5-30 所示。

图 5-29

图 5-30

（4）在属性栏中单击"拉直图层"按钮 拉直图层，拉直图像，效果如图 5-31 所示。

（5）单击"图层"控制面板下方的"创建新的填充或调整图层"按钮 ◉，在弹出的菜单中选择"色阶"命令，在"图层"控制面板中生成"色阶 1"图层，同时在弹出的"色阶"面板中进行设置，如图 5-32 所示，按 Enter 键确定操作，图像效果如图 5-33 所示。

图 5-31

图 5-32

图 5-33

（6）将前景色设为白色。选择"横排文字"工具 **T**，在适当的位置分别输入需要的文字并选取文字，在属性栏中选择合适的字体并设置大小，效果如图 5-34 所示，在"图层"控制面板中生成新的文字图层。至此，旅游公众号首图制作完成。

图 5-34

5.1.5　抓手工具

"抓手"工具可以用来移动图像，以改变图像在窗口中的显示位置。启用"抓手"工具，有以下几种方法。

➡ 单击工具箱中的"抓手"工具。

➡ 按 H 键。

➡ 按住 Spacebar（空格）键。

启用"抓手"工具 ，属性栏的显示状态如图 5-35 所示。通过单击属性栏中的 3 个按钮，即可调整图像的显示效果，如图 5-36 ~ 图 5-38 所示。双击"抓手"工具 ，将自动调整图像大小以适合屏幕的显示范围。

图 5-35

图 5-36

图 5-37

图 5-38

5.2 ## 图像的移动、复制和删除

在 Photoshop CC 2019 中，可以非常便捷地移动、复制和删除图像。下面，将具体讲解图像的移动、复制和删除方法。

5.2.1 图像的移动

要想在操作过程中随时按需要移动图像，就必须掌握移动图像的方法。

1. 移动工具

使用"移动"工具可以将图层中的整幅图像或选定区域中的图像移动到指定位置。启用"移动"工具，有以下几种方法。

➡ 单击工具箱中的"移动"工具。

➡ 按 V 键。

启用"移动"工具 ✛，属性栏的显示状态如图 5-39 所示。

图 5-39

在"移动"工具属性栏中，"自动选择组或图层"选项用于自动选择光标所在的图像层；"显示变换控件"选项用于对选取的图层进行各种变换。属性栏中还提供了几种图层排列和分布方式的按钮。

2. 移动图像

在移动图像前，要选择移动的图像区域，如果不选择图像区域，将移动整个图像。移动图像，有以下几种方法。

➡ 使用"移动"工具移动图像。

打开一幅图像，使用"矩形选框"工具 ▢ 绘制出要移动的图像区域，效果如图 5-40 所示。

启用"移动"工具 ✛，将光标放在选区中，光标变为 ▶✂ 图标，效果如图 5-41 所示。单击并按住鼠标左键，拖曳鼠标到适当的位置，选区内的图像被移动，原来的选区位置被背景色填充，效果如图 5-42 所示。按 Ctrl+D 组合键，取消选区，移动完成。

图 5-40　　　　　　　　　　图 5-41　　　　　　　　　　图 5-42

➡ 使用菜单命令移动图像。

打开一幅图像，使用"椭圆选框"工具 ◯ 绘制出要移动的图像区域，效果如图 5-43 所示。选择"编辑 > 剪切"命令或按 Ctrl+X 组合键，选区被背景色填充，效果如图 5-44 所示。

选择"编辑 > 粘贴"命令或按 Ctrl+V 组合键，将选区内的图像粘贴在图像的新图层中，使用"移动"工具 ✛ 可以移动新图层中的图像，效果如图 5-45 所示。

图 5-43　　　　　　　　　图 5-44　　　　　　　　　　图 5-45

➡ 使用快捷键移动图像。

打开一幅图像，使用"椭圆选框"工具 ◯ 绘制出移动的图像区域，效果如图 5-46 所示。

启用"移动"工具 ，按 Ctrl+方向组合键，可以将选区内的图像沿移动方向移动 1 像素，效果如图 5-47 所示；按 Shift+方向组合键，可以将选区内的图像沿移动方向移动 10 像素，效果如图 5-48 所示。

图 5-46　　　　　　　　　　图 5-47　　　　　　　　　　图 5-48

> **提示**
>
> 如果想将当前图像中选区内的图像移动到另一幅图像中，只要使用"移动"工具 ⊕，将选区内的图像拖曳到另一幅图像中即可。使用相同的方法也可以将当前图像拖曳到另一幅图像中。

5.2.2　图像的复制

要想在操作过程中随时按需要复制图像，就必须掌握复制图像的方法。在复制图像前，要选择需要复制的图像区域，如果不选择图像区域，将不能复制图像。复制图像，有以下几种方法。

→ 使用移动工具复制图像。

打开一幅图像，使用"椭圆选框"工具 ○，绘制出要复制的图像区域，效果如图 5-49 所示。

启用"移动"工具 ⊕，将光标放在选区中，光标变为 图标，效果如图 5-50 所示。按住 Alt 键，光标变为 图标，效果如图 5-51 所示，同时，单击并按住鼠标左键，拖曳选区内的图像到适当的位置，松开鼠标左键和 Alt 键，图像复制完成。按 Ctrl+D 组合键，取消选区，效果如图 5-52 所示。

图 5-49　　　　　　图 5-50　　　　　　图 5-51　　　　　　图 5-52

→ 使用菜单命令复制图像。

打开一幅图像，使用"椭圆选框"工具 ○，绘制出要复制的图像区域，效果如图 5-53 所示。选择"编辑 > 拷贝"命令或按 Ctrl+C 组合键，将选区内的图像复制。这时，屏幕上的图像并没有变化，但系统已将复制的图像粘贴到剪贴板中了。

选择"编辑 > 粘贴"命令或按 Ctrl+V 组合键，将选区内的图像粘贴在生成的新图层中，这样复制的图像就在原图的上面一层了，使用"移动"工具 ⊕ 移动复制的图像，如图 5-54 所示。

图 5-53   图 5-54

▷ 使用快捷键复制图像。

打开一幅图像，使用"椭圆选框"工具 ○，绘制出要复制的图像区域，效果如图 5-55 所示。

按住 Ctrl+Alt 组合键，光标变为 ▶ 图标，效果如图 5-56 所示。同时，单击并按住鼠标左键，拖曳选区内的图像到适当的位置，松开鼠标左键、Ctrl 键和 Alt 键，图像复制完成。按 Ctrl+D 组合键，取消选区，效果如图 5-57 所示。

图 5-55   图 5-56   图 5-57

5.2.3　图像的删除

要想在操作过程中随时按需要删除图像，就必须掌握删除图像的方法。在删除图像前，要选择需要删除的图像区域，如果不选择图像区域，将不能删除图像。删除图像，有以下几种方法。

▷ 使用菜单命令删除图像。

打开一幅图像，使用"椭圆选框"工具 ○，绘制出要删除的图像区域，效果如图 5-58 所示，选择"编辑 > 清除"命令，将选区内的图像删除。按 Ctrl+D 组合键，取消选区，效果如图 5-59 所示。

图 5-58   图 5-59

提示

删除后的图像区域由背景色填充。如果是在图层中，删除后的图像区域将显示下面一层的图像。

➡ 使用快捷键删除图像。

打开一幅图像，使用"椭圆选框"工具 ◯ 绘制出要删除的图像区域。按 Delete 键或 Backspace 键，将选区内的图像删除。按 Ctrl+D 组合键，取消选区。

5.3　图像的裁剪和变换

通过图像的裁剪和变换，可以设计制作出丰富多变的图像效果。下面，将具体讲解图像裁剪和变换的方法。

5.3.1　图像的裁剪

在实际的设计制作工作中，经常有一些图片的构图和比例不符合设计要求，这就需要对这些图片进行裁剪。下面，就对其进行具体介绍。

1. 裁剪工具

使用"裁剪"工具可以在图像或图层中剪裁所选定的区域。图像区域选定后，在选区边缘将出现 8 个控制手柄，用于改变选区的大小，还可以用鼠标旋转选区。选区确定之后，双击选区或单击工具箱中的其他任意一个工具，然后在弹出的裁剪提示框中单击"裁剪"按钮，确定即可完成裁剪。

启用"裁剪"工具 ⁛ ，有以下几种方法。

➡ 单击工具箱中的"裁剪"工具 ⁛ 。

➡ 按 C 键。

启用"裁剪"工具 ⁛ ，属性栏将显示图 5-60 所示的状态。

图 5-60

在"裁剪"工具属性栏中，单击"比例"按钮 比例 ⌄ ，弹出其下拉菜单如图 5-61 所示。

"比例"选项用于自由调整裁剪框的大小；"宽×高×分辨率"选项用于设置图像的宽度、高度和分辨率，这样可按照设置的尺寸裁剪图像；"原始比例"选项用于保持图像原始的长宽比例以调整裁切框；"预设长宽比"选项是 Photoshop 提供的预设长宽比，如果要自定长宽比则可在选项右侧的文本框中定义长度和宽度；"新建裁剪预设"选项用于将当前创建的长宽比保存。"删除裁剪预设"选项用于将当前创建的长宽比删除。

▭ ⇄ ▭ ：可以自定义裁剪框的长宽比。

清除 ：可以清除长宽比值。

拉直 ：可以快速拉直倾斜的图像。

田 ：可以选择裁剪方式。

单击工具属性栏中的"设置其他裁切选项"按钮 ✿ ，弹出其下拉菜单，如图 5-62 所示。

"使用经典模式"选项可以使用 Photoshop CC 2019 以前版本的"裁剪"工具模式来编辑。"启用裁剪屏蔽"选项用于设置裁剪框外的区域颜色和不透明度。

"删除裁剪像素"选项用于删除被裁剪的图像。

图 5-61　　　　　　　　　　图 5-62

2.　裁剪图像

➡ 使用"裁剪"工具 ﹖ 裁剪图像。

打开一幅图像，启用"裁剪"工具 ﹖，在图像中单击并按住鼠标左键，拖曳鼠标到适当的位置，松开鼠标，绘制出矩形裁剪框，效果如图 5-63 所示。

在矩形裁剪框内双击或按 Enter 键，都可以完成图像的裁剪，效果如图 5-64 所示。

图 5-63　　　　　　　　　　图 5-64

将光标放在裁剪框的边界上，单击并拖曳鼠标可以调整裁剪框的大小，如图 5-65 所示。拖曳裁剪框上的控制点也可以缩放裁剪框。按住 Shift 键拖曳，可以等比例缩放，如图 5-66 所示。将光标放在裁剪框外，单击并拖曳鼠标，可旋转裁剪框，如图 5-67 所示。

图 5-65　　　　　　　　图 5-66　　　　　　　　图 5-67

将光标放在裁剪框内，单击并拖动鼠标可以移动裁剪框，如图 5-68 所示。单击工具属性栏中的"提交当前裁剪操作"按钮 ✓ 或按 Enter 键，即可裁剪图像，如图 5-69 所示。

图 5-68   图 5-69

➔ 使用菜单命令裁剪图像。

使用"矩形选框"工具 ⬚，在图像中绘制出要裁剪的图像区域，效果如图 5-70 所示。选择
"图像 > 裁剪"命令，可按选区进行图像的裁剪，按 Ctrl+D 组合键，取消选区，效果如图 5-71
所示。

图 5-70   图 5-71

3. 透视裁剪工具

在拍摄高大的建筑时，由于视角较低，竖直的线条会向消失点集中，从而产生透视畸变。
Photoshop CC 2019 新增的"透视裁剪"工具能够较好地解决这个问题。

启用"透视裁剪"工具 ▦，有以下几种方法。

➔ 单击工具箱中的"透视裁剪"工具 ▦。

➔ 按 Shift+C 组合键。

启用"透视裁剪"工具 ▦，属性栏将显示图 5-72 所示的状态。

图 5-72

"W/H"选项用于设置图像的宽度和高度，单击"高度和宽度互换" ⇄ 可以互换高度和宽度数值。
"分辨率"选项用于设置图像的分辨率。"前面的图像"按钮用于在宽度、高度和分辨率文本框中显示
当前文档的尺寸和分辨率。如果同时打开两个文档，则会显示另外一个文档的尺寸和分辨率。"清除"
按钮用于清除宽度、高度和分辨率文本框中的数值。勾选"显示网格"选项可以显示网格线，取消勾
选则隐藏网格线。

4. 透视裁剪图像

打开一幅图片，如图 5-73 所示，可以观察到两侧的建筑向中间倾斜，这是透视畸变的明显特征。
选择"透视裁剪"工具 ▦，在图像窗口中单击并拖曳鼠标，绘制矩形裁剪框，如图 5-74 所示。

图 5-73   图 5-74

将光标放置在裁剪框左上角的控制点上，按 Shift 键的同时，向右侧拖曳控制节点，右上角的控制节点向左拖曳，这样使顶部的两个边角和建筑的边缘保持平行，如图 5-75 所示。单击工具属性栏中的"提交当前裁剪操作" ☑ 按钮或按 Enter 键，即可裁剪图像，效果如图 5-76 所示。

图 5-75   图 5-76

5.3.2　图像画布的变换

要想根据设计制作的需要改变画布的大小，就必须掌握图像画布的变换方法。

图像画布的变换将对整个图像起作用。选择"图像 > 图像旋转"命令的下拉菜单，如图 5-77 所示，可以对整个图像进行编辑。

画布旋转固定角度后的效果，如图 5-78 所示。

| 180 度(1) |
| 顺时针 90 度(9) |
| 逆时针 90 度(0) |
| 任意角度(A)... |
| 水平翻转画布(H) |
| 垂直翻转画布(V) |

图 5-77

原图像   180 度效果   顺时针 90 度

逆时针 90 度   水平翻转画布   垂直翻转画布

图 5-78

选择"任意角度"命令，弹出"旋转画布"对话框，如图 5-79 所示。设定任意角度后的画布效果如图 5-80 所示。

图 5-79　　　　　　　　　　　　　　　　图 5-80

5.3.3　图像选区的变换

在操作过程中，可以根据设计和制作的需要变换已经绘制好的选区。下面，就对其进行具体介绍。

在图像中绘制好选区，选择"编辑 > 自由变换"或"变换"命令，可以对图像的选区进行各种变换。"变换"命令的下拉菜单如图 5-81 所示。

图像选区的变换，有以下几种方法。

➡️ 使用菜单命令变换图像的选区。

打开一幅图像，使用"椭圆选框"工具 ⬭ 绘制出选区，如图 5-82 所示。选择"编辑 > 变换 > 缩放"命令，拖曳变换框的控制手柄，可以对图像选区进行自由的缩放，如图 5-83 所示。

选择"编辑 > 变换 > 旋转"命令，拖曳变换框，可以对图像选区进行自由的旋转，如图 5-84 所示。

图 5-81　　　　　图 5-82　　　　　图 5-83　　　　　图 5-84

选择"编辑 > 变换 > 斜切"命令，拖曳变换框的控制手柄，可以对图像选区进行斜切调整，如图 5-85 所示。

选择"编辑 > 变换 > 扭曲"命令，拖曳变换框的控制手柄，可以对图像选区进行扭曲调整，如图 5-86 所示。

选择"编辑 > 变换 > 透视"命令，拖曳变换框的控制手柄，可以对图像选区进行透视调整，如图 5-87 所示。

选择"编辑 > 变换 > 变形"命令，拖曳变换框的控制手柄，可以对图像选区进行变形调整，如图 5-88 所示。

图 5-85　　　　　　　图 5-86　　　　　　　图 5-87　　　　　　　图 5-88

选择"编辑 > 变换 > 缩放"命令，再选择"旋转 180 度""顺时针旋转 90 度""逆时针旋转 90 度"菜单命令，可以直接对图像选区进行角度的调整，如图 5-89 所示。

旋转 180 度　　　　　　　顺时针旋转 90 度　　　　　　　逆时针旋转 90 度

图 5-89

选择"编辑 > 变换 > 缩放"命令，再选择"水平翻转"和"垂直翻转"命令，可以直接对图像选区进行翻转的调整，如图 5-90 和图 5-91 所示。

图 5-90　　　　　　　　图 5-91

➡ 使用快捷键变换图像的选区。

打开一幅图像，使用"椭圆选框"工具 绘制出选区。按 Ctrl+T 组合键，出现变换框，拖曳变换框的控制手柄，可以对图像选区进行自由的缩放。按住 Shift 键，拖曳变换框的控制手柄，可以等比例缩放图像。

将光标放在变换框的控制手柄外边，光标变为旋转图标↰，拖曳鼠标可以旋转图像，效果如图 5-92 所示。

在属性栏中勾选"参考点位置"复选框，显示中心参考点。用鼠标拖曳旋转中心可以将其放到其他位置，将中心点拖曳到适当的位置并旋转适当的角度，效果如图 5-93 所示。

按住 Ctrl 键的同时，分别拖曳变换框的中间控制手柄，可以使图像斜切变形，效果如图 5-94 所示。

图 5-92   图 5-93   图 5-94

按住 Alt+Shift 组合键的同时，分别拖曳变换框的中间控制手柄，可以使图像对称变形，效果如图 5-95 所示。

按住 Ctrl+Shift 组合键的同时，拖曳变换框的 4 个控制手柄，可以使图像任意变形，效果如图 5-96 所示。

按住 Ctrl+ Alt 组合键的同时，拖曳变换框的 4 个控制手柄，可以使图像透视变形，效果如图 5-97 所示。

图 5-95   图 5-96   图 5-97

5.3.4　课堂案例——制作房屋地产类公众号信息图

 案例学习目标

学习使用裁剪工具制作房屋地产类公众号信息图。

 案例知识要点

使用裁剪工具裁剪图像；使用移动工具移动图像；最终效果如图 5-98 所示。

效果所在位置

云盘/Ch05/效果/制作房屋地产类公众号信息图.psd。

图 5-98

扫码观看　　　扫码查看
本案例视频　　扩展案例

（1）按 Ctrl+N 组合键，弹出"新建文档"对话框，设置宽度为 800 像素，高度为 2 000 像素，分辨率为 72 像素/英寸，颜色模式为 RGB，背景内容为白色，单击"创建"按钮，新建一个文件。

（2）按 Ctrl+O 组合键，打开云盘中的"Ch05 > 素材 > 制作房屋地产类公众号信息图 > 01"文件，如图 5-99 所示。选择"裁剪"工具 ，单击"选择预设长宽比或裁剪尺寸"选项 ，在弹出的下拉列表中选择"宽×高×分辨率"选项，在属性栏中进行设置，如图 5-100 所示。在图像窗口中适当的位置拖曳一个裁切区域，如图 5-101 所示，按 Enter 键确定操作，效果如图 5-102 所示。

图 5-99

图 5-100

图 5-101

图 5-102

（3）选择"移动"工具 ⊕，将"01"图像拖曳到新建图像窗口中适当的位置，效果如图5-103所示，在"图层"控制面板中生成新的图层并将其命名为"图片1"。

（4）按Ctrl+O组合键，打开云盘中的"Ch05 > 素材 > 制作房屋地产类公众号信息图 > 02"文件。选择"移动"工具 ⊕，将"02"图像拖曳到新建图像窗口中适当的位置，如图5-104所示，在"图层"控制面板中生成新的图层并将其命名为"信息"。

图5-103   图5-104

（5）按Ctrl+O组合键，打开云盘中的"Ch05 > 素材 > 制作房屋地产类公众号信息图 > 03"文件。选择"裁剪"工具 🔪，单击"选择预设长宽比或裁剪尺寸"选项 比例 ⌄ ，在弹出的下拉列表中选择"16:9"选项，裁剪区域如图5-105所示，按Enter键确定操作，效果如图5-106所示。

（6）选择"移动"工具 ⊕，将"03"图像拖曳到新建图像窗口中适当的位置，如图5-107所示，在"图层"控制面板中生成新的图层并将其命名为"图片2"。

图5-105   图5-106   图5-107

（7）按Ctrl+O组合键，打开云盘中的"Ch05 > 素材 > 制作房屋地产类公众号信息图 > 04"文件。选择"裁剪"工具 🔪，单击"选择预设长宽比或裁剪尺寸"选项 比例 ⌄ ，在弹出的下拉列表中选择"1:1（方形）"选项，在图像窗口中适当的位置拖曳一个裁切区域，如图5-108所示，按 Enter 键确定操作，效果如图 5-109 所示。

（8）选择"移动"工具 ⊕ ，将"04"图像拖曳到新建图像窗口中适当的位置，如图 5-110 所示，在"图层"控制面板中生成新的图层并将其命名为"图片 3"。至此，房屋地产类公众号信息图制作完成。

图 5-108　　　　　　　图 5-109　　　　　　　图 5-110

课后习题——制作证件照

习题知识要点

使用裁剪工具裁切照片；使用钢笔工具绘制人物轮廓；使用曲线命令调整背景的色调；使用定义图案命令定义图案；最终效果如图 5-111 所示。

图 5-111

扫码观看
本案例视频

效果所在位置

云盘/Ch05/效果/制作证件照.psd。

06

第6章
调整图像的色彩和色调

调整图像的色彩是 Photoshop CC 2019 的强项。本章将全面系统地讲解调整图像色彩的知识。读者通过学习本章，要了解并掌握调整图像色彩的方法和技巧，并能将所学功能灵活应用到实际的设计制作任务中去。

课堂学习目标

- ✔ 掌握色阶、自动色调、自动对比度和自动颜色的使用方法
- ✔ 掌握曲线、色彩平衡、亮度/对比度和色相/饱和度的处理技巧
- ✔ 掌握去色、匹配颜色、替换颜色和可选颜色的处理技巧
- ✔ 掌握通道混合器、渐变映射、照片滤镜和阴影/高光的使用方法
- ✔ 掌握反相、色调均化、阈值和色调分离的处理技巧

6.1 调整

使用图像编辑工具对图像进行编辑和整理，可以提高用户编辑和处理图像的效率。

选择"图像 > 调整"命令，弹出调整命令的下拉菜单，如图 6-1 所示。"调整"命令可以用来调整图像的层次、对比度及色彩变化。

图 6-1

6.2 色阶和自动色调

"色阶"和"自动色调"命令可以用来调节图像的对比度、饱和度和灰度。

6.2.1 色阶

"色阶"命令用于调整图像的对比度、饱和度及灰度。打开一幅图像，如图 6-2 所示，选择"色阶"命令，或按 Ctrl+L 组合键，弹出"色阶"命令对话框，如图 6-3 所示。

图 6-2   图 6-3

在对话框中，中央是一个直方图，其横坐标为 0 ~ 255，表示亮度值，纵坐标为图像像素数。

"通道"选项：可以从其下拉菜单中选择不同的通道来调整图像，如果想选择两个以上的色彩通道，要先在"通道"控制面板中选择所需要的通道，再打开"色阶"对话框。

"输入色阶"选项：控制图像选定区域的最暗和最亮色彩，通过输入数值或拖曳三角滑块来调整图像。左侧的数值框和左侧的黑色三角滑块用于调整黑色，图像中低于该亮度值的所有像素将变为黑色；中间的数值框和中间的灰色滑块用于调整灰度，其数值范围为 0.1～9.99，1.00 为中性灰度，数值大于 1.00 时，将降低图像中间灰度，小于 1.00 时，将提高图像中间灰度；右侧的数值框和右侧的白色三角滑块用于调整白色，图像中高于该亮度值的所有像素将变为白色。

下面为调整输入色阶的 3 个滑块后，图像产生的不同色彩效果，如图 6-4～图 6-7 所示。

图 6-4

图 6-5

图 6-6

图 6-7

"输出色阶"选项：可以通过输入数值或拖曳三角滑块来控制图像的亮度范围（左侧数值框和左侧黑色三角滑块用于调整图像最暗像素的亮度，右侧数值框和右侧白色三角滑块用于调整图像最亮像素的亮度），输出色阶的调整将增加图像的灰度，降低图像的对比度。

"预览"选项：勾选该复选框，可以即时显示图像的调整结果。

下面为调整输出色阶的两个滑块后，图像产生的不同色彩效果，如图 6-8 和图 6-9 所示。

图 6-8

"自动"按钮：可自动调整图像并设置层次。单击"选项"按钮，弹出"自动颜色校正选项"对话框，可以看到系统将以 0.10% 的幅度来对图像进行加亮和变暗，如图 6-10 所示。

图 6-9   图 6-10

按住 Alt 键，"取消"按钮变成"复位"按钮。单击"复位"按钮可以将刚调整过的色阶复位还原，重新进行设置。此方法也适用于下面要讲解的颜色命令。

3 个吸管工具 ✎ ✎ ✎ 分别是黑色吸管工具、灰色吸管工具和白色吸管工具。选中黑色吸管工具，用黑色吸管工具在图像中单击，图像中暗于单击点的所有像素都会变为黑色。用灰色吸管工具在图像中单击，单击点的像素都会变为灰色，图像中的其他颜色也会随之相应调整。用白色吸管工具在图像中单击，图像中亮于单击点的所有像素都会变为白色。双击吸管工具，可在颜色"拾色器"对话框中设置吸管颜色。

6.2.2 自动色调

选择"自动色调"命令，可以对图像的色阶进行自动调整。系统将以 0.10% 的幅度来对图像进行加亮和变暗。按住 Shift+Ctrl+L 组合键，可以对图像的色调进行自动调整。

6.3 自动对比度和自动颜色

Photoshop CC 2019 可以对图像的对比度和颜色进行自动调整。

6.3.1 自动对比度

选择"自动对比度"命令，可以对图像的对比度进行自动调整。按 Alt+Shift+Ctrl+L 组合键，可以启动"自动对比度"命令。

6.3.2 自动颜色

选择"自动颜色"命令，可以对图像的色彩进行自动调整。按 Shift+Ctrl+B 组合键，可以启动"自动颜色"命令。

6.4 曲线

选择"曲线"命令，可以通过调整图像色彩曲线上的任意一个像素点来改变图像的色彩范围。下面，将对其进行具体的讲解。

打开一幅图像，如图 6-11 所示。选择"曲线"命令，或按 Ctrl+M 组合键，弹出"曲线"对话框，如图 6-12 所示。将鼠标指针移到小鸟图像上单击，如图 6-13 所示，"曲线"对话框的图表中会出现一个小方块，它表示刚才在图像中单击处的像素数值，效果如图 6-14 所示。

在对话框中，"通道"选项可以用来选择调整图像的颜色通道。

图表中的 x 轴为色彩的输入值，y 轴为色彩的输出值。曲线代表了输入和输出色阶的关系。

绘制曲线工具 ∿ ✎，在默认状态下使用的是 ∿ 工具，使用它在图表曲线上单击，可以增加控制点，按住鼠标左键拖曳控制点可以改变曲线的形状，拖曳控制点到图表外将删除控制点。使用 ✎ 工具可以在图表中绘制出任意曲线，单击右侧的"平滑"按钮 平滑(M) 可使曲线变得平滑。按住 Shift 键，使用 ✐ 工具可以绘制出直线。

图 6-11

图 6-12

图 6-13

图 6-14

输入和输出数值显示的是图表中鼠标指针所在位置的亮度值。

"自动"按钮 自动(A) 可自动调整图像的亮度。

下面为调整曲线后的图像效果，如图 6-15 ～ 图 6-17 所示。

图 6-15

图6-16

图6-17

6.5 色彩平衡度

6.5.1 色彩平衡

"色彩平衡"命令用于调节图像的色彩平衡度。打开一幅图像，如图6-18所示。选择"色彩平衡"命令，或按Ctrl+B组合键，弹出"色彩平衡"对话框，如图6-19所示。

图6-18   图6-19

在对话框中，"色调平衡"选项组用于选取图像的阴影、中间调、高光选项。"色彩平衡"选项组用于在上述选区中添加过渡色来平衡色彩效果，拖曳三角滑块可以调整整个图像的色彩，也可以在"色阶"选项的数值框中输入数值调整整个图像的色彩。"保持亮度"选项用于保持原图像的亮度。

调整色彩平衡后的图像效果如图 6-20 和图 6-21 所示。

图 6-20

图 6-21

6.5.2　课堂案例——制作摩托车 App 闪屏页

 案例学习目标

学习使用图像色彩调整命令调节图像颜色。

案例知识要点

使用色彩平衡命令修正偏色的照片；使用图层混合模式和不透明度选项制作图片叠加效果；最终效果如图 6-22 所示。

图 6-22

扫码观看
本案例视频

扫码查看
扩展案例

◎ **效果所在位置**

云盘/Ch06/效果/制作摩托车 App 闪屏页.psd。

（1）按 Ctrl+N 组合键，弹出"新建文档"对话框，设置宽度为 750 像素，高度为 1 334 像素，分辨率为 72 像素/英寸，颜色模式为 RGB，背景内容为白色，单击"创建"按钮，新建一个文件。

（2）按 Ctrl+O 组合键，打开云盘中的"Ch06 > 素材 > 制作摩托车 App 闪屏页 > 01"文件，选择"移动"工具 ✛，将图片拖曳到新建图像窗口中适当的位置，并调整其大小，效果如图 6-23 所示，在"图层"控制面板中生成新的图层并将其命名为"图片"。

（3）选择"图像 > 调整 > 色彩平衡"命令，在弹出的"色彩平衡"对话框中进行设置，如图 6-24 所示；单击"确定"按钮，效果如图 6-25 所示。

图 6-23　　　　　　　　　　图 6-24　　　　　　　　　　图 6-25

（4）新建图层并将其命名为"遮罩"。将前景色设为深灰色（50、50、50），按 Alt+Delete 组合键，用前景色填充"遮罩"图层，效果如图 6-26 所示。

（5）在"图层"控制面板上方，将"遮罩"图层的混合模式选项设为"正片叠底"，"不透明度"选项设为 15%，如图 6-27 所示，图像效果如图 6-28 所示。

（6）按 Ctrl+O 组合键，打开云盘中的"Ch06 > 素材 > 制作摩托车 App 闪屏页 > 02"文件，选择"移动"工具 ✛，将文字图片拖曳到新建图像窗口中适当的位置，效果如图 6-29 所示，在"图层"控制面板中生成新图层并将其命名为"文字"。至此，摩托车 App 闪屏页制作完成。

图 6-26　　　　　　图 6-27　　　　　　图 6-28　　　　　　图 6-29

6.6 亮度/对比度

"亮度/对比度"命令可以用来调节整个图像的亮度和对比度。打开一幅图像，如图 6-30 所示。选择"亮度/对比度"命令，弹出"亮度/对比度"对话框，如图 6-31 所示。

在对话框中，可以通过拖曳亮度和对比度滑块来调整图像的亮度和对比度，如图 6-32 所示，设置完成后，单击"确定"按钮，效果如图 6-33 所示。

图 6-30　　　　　　　　图 6-31　　　　　　　　　图 6-32　　　　　　　　图 6-33

6.7 色相/饱和度

"色相/饱和度"命令可以用来调节图像的色相和饱和度。打开一幅图像，如图 6-34 所示。选择"色相/饱和度"命令，或按 Ctrl+U 组合键，弹出"色相/饱和度"对话框，如图 6-35 所示。

图 6-34　　　　　　　　　　　　　图 6-35

在对话框中，"预设"选项用于选择要调整的色彩范围，可以通过拖曳各项中的滑块来调整图像的色彩、饱和度和明度；在"全图"选项中选择"红色"，拖曳两条色带间的滑块，使图像的色彩更符合要求，如图 6-36 所示进行设置，图像效果如图 6-37 所示。

"着色"选项用于在由灰度模式转化而来的色彩模式图像中填加需要的颜色。勾选"着色"复选框，调整"色相/饱和度"对话框，如图 6-38 所示进行设定，图像效果如图 6-39 所示。

图 6-36   图 6-37

图 6-38   图 6-39

6.8 颜色

使用去色、匹配颜色、替换颜色和可选颜色命令可以便捷地改变图像的颜色。

6.8.1 去色

"去色"命令能够用于去除图像中的颜色。选择"去色"命令，或按 Shift+Ctrl+U 组合键，可以去掉图像的色彩，使图像变为灰度图，但图像的色彩模式并不改变。"去色"命令可以应用于图像的选区，将选区中的图像进行去掉图像色彩的处理。

6.8.2 匹配颜色

"匹配颜色"命令用于对色调不同的图片进行调整，将其统一成一个协调的色调，在做图像合成的时候非常方便实用。

打开两幅不同色调的图片，如图 6-40 和图 6-41 所示。选择需要调整的图片，选择"匹配颜色"命令，弹出"匹配颜色"对话框，先在"源"选项中选择匹配文件的名称，然后再设置其他各选项，如图 6-42 所示，单击"确定"按钮，对图片进行调整，效果如图 6-43 所示。

图 6-40

图 6-41

图 6-42

图 6-43

"目标"选项中显示了所选择匹配文件的名称。

如果当前调整的图中有选区，勾选"应用调整时忽略选区"复选框，可以忽略图中的选区调整整张图像的颜色，如图 6-44 所示；取消勾选"应用调整时忽略选区"复选框，可以调整图中选区内的颜色，如图 6-45 所示。

图 6-44

图 6-45

在"图像选项"选项组中，可以通过拖动滑块来调整图像的"明亮度""颜色强度""渐隐"的数值，并可以设置"中和"选项，以确定调整的方式。

在"图像统计"选项组中可以设置图像的颜色来源。

6.8.3 替换颜色

"替换颜色"命令能够将图像中的颜色进行替换。打开一幅图像，如图 6-46 所示。选择"替换颜色"命令，弹出"替换颜色"对话框，如图 6-47 所示。可以在"选区"选项组下设置"颜色容差"

数值，数值越大吸管工具取样的颜色范围越大，在"替换"选项组下调整图像颜色的效果越明显。选中"选区"单选框，可以创建蒙版并通过拖曳滑块来调整蒙版内图像的色相、饱和度和明度。

图 6-46

图 6-47

用"吸管"工具在图像中取样颜色，调整图像的色相、饱和度和明度，此时"替换颜色"对话框如图 6-48 所示，取样的颜色被替换成新的颜色，如图 6-49 所示。单击"颜色"选项和"结果"选项的色块，都会弹出"拾色器"对话框，可以在对话框中输入数值设置精确的颜色。

图 6-48

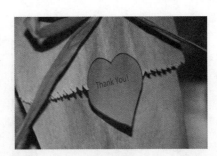

图 6-49

6.8.4　课堂案例——制作女装网店详情页主图

案例学习目标

学习使用图像调整菜单下的替换颜色命令制作出需要的效果。

案例知识要点

使用替换颜色命令更换人物衣服的颜色；使用矩形选框工具绘制选区；最终效果如图 6-50 所示。

图 6-50

扫码观看
本案例视频

扫码查看
扩展案例

效果所在位置

云盘/Ch06/效果/制作女装网店详情页主图.psd。

（1）按 Ctrl+N 组合键，弹出"新建文档"对话框，设置宽度为 800 像素，高度为 800 像素，分辨率为 72 像素/英寸，颜色模式为 RGB，背景内容为白色，单击"创建"按钮，新建一个文件。

（2）按 Ctrl+O 组合键，打开云盘中的"Ch06 > 素材 > 制作女装网店详情页主图 > 01"文件，选择"移动"工具 ，将人物图片拖曳到新建图像窗口中适当的位置，并调整其大小，效果如图 6-51 所示，在"图层"控制面板中生成新的图层并将其命名为"人物"。按 Ctrl+J 组合键，复制"人物"图层，生成新的图层"人物 拷贝"，如图 6-52 所示。

图 6-51

图 6-52

（3）选择"图像 > 调整 > 替换颜色"命令，弹出"替换颜色"对话框，在图像窗口中绿色衣服处单击，取样颜色，如图 6-53 所示。选中"添加到取样"按钮 ，再次在图像窗口中不同深浅程度的绿色区域单击，与鼠标单击处颜色相同或相近的区域在"替换颜色"对话框中显示为白色，其他选项的设置如图 6-54 所示；单击"确定"按钮，图像效果如图 6-55 所示。

（4）选择"矩形选框"工具 ，在属性栏中进行设置，如图 6-56 所示，在图像窗口中拖曳鼠标绘制矩形选区，如图 6-57 所示。按 Delete 键，删除选区中的内容，效果如图 6-58 所示。

（5）按 Ctrl+O 组合键，打开云盘中的"Ch06 > 素材 > 制作女装网店详情页主图 > 02"文件，选择"移动"工具 ，将图片拖曳到新建图像窗口中适当的位置，效果如图 6-59 所示，在"图层"控制面板中生成新的图层并将其命名为"活动信息"。至此，女装网店详情页主图制作完成。

图 6-53　　　　　　　　　图 6-54　　　　　　　　　图 6-55

图 6-56

图 6-57　　　　　　　　　图 6-58　　　　　　　　　图 6-59

6.8.5　可选颜色

使用"可选颜色"命令能够将图像中的颜色替换成选择后的颜色。

打开一幅图像，如图 6-60 所示。选择"可选颜色"命令，弹出"可选颜色"对话框。在"颜色"选项的下拉列表中可以选择图像中含有的不同色彩，如图 6-61 所示。可以通过拖曳滑块调整青色、洋红、黄色、黑色的百分比，并确定调整方法是"相对"或"绝对"方式。

图 6-60　　　　　　　　　　　　　　　图 6-61

调整"可选颜色"对话框中的各选项，如图 6-62 所示，调整后图像的效果如图 6-63 所示。

图 6-62　　　　　　　　　　　图 6-63

6.9　通道混合器和渐变映射

"通道混合器"和"渐变映射"命令用于调整图像的通道颜色和图像的明暗色调。下面，将对其进行具体的讲解。

6.9.1　通道混合器

"通道混合器"命令用于调整图像通道中的颜色。打开一幅图像，如图 6-64 所示。选择"通道混合器"命令，弹出"通道混合器"对话框，如图 6-65 所示。在"通道混合器"对话框中，"输出通道"选项用于选取要修改的通道；"源通道"选项组用于通过拖曳滑块来调整图像；"常数"选项也用于通过拖曳滑块调整图像；"单色"选项用于创建灰度模式的图像。

在"通道混合器"对话框中进行设置，如图 6-66 所示，图像效果如图 6-67 所示。所选图像的色彩模式不同，则"通道混合器"对话框中的内容也不同。

图 6-64

图 6-65　　　　　　　图 6-66　　　　　　　图 6-67

6.9.2　渐变映射

"渐变映射"命令用于将图像的最暗和最亮色调映射为一组渐变色中的最暗和最亮色调。下面，将对其进行具体的讲解。

打开一幅图像，如图 6-68 所示，选择"渐变映射"命令，弹出"渐变映射"对话框，如图 6-69 所示。在"渐变映射"对话框中，"灰度映射所用的渐变"选项用于选择不同的渐变形式；"仿色"选项用于为转变色阶后的图像增加仿色；"反向"选项用于将转变色阶后的图像颜色反转。

图 6-68

图 6-69

在"渐变映射"对话框中进行设置，如图 6-70 所示，图像效果如图 6-71 所示。

图 6-70

图 6-71

6.9.3　课堂案例——制作媒体娱乐公众号封面次图

 案例学习目标

学习使用渐变映射命令制作媒体娱乐公众号封面次图。

 案例知识要点

使用渐变工具填充背景；使用移动工具移动图像；使用渐变映射命令调整人物图像；最终效果如图 6-72 所示。

 效果所在位置

云盘/Ch06/效果/制作媒体娱乐公众号封面次图.psd。

图 6-72

扫码观看
本案例视频

扫码查看
扩展案例

（1）按 Ctrl+N 组合键，弹出"新建文档"对话框，设置宽度为 200 像素，高度为 200 像素，分辨率为 72 像素/英寸，颜色模式为 RGB，背景内容为白色，单击"创建"按钮，新建一个文件。

（2）选择"渐变"工具 ，单击属性栏中的"点按可编辑渐变"按钮，弹出"渐变编辑器"对话框。在"位置"选项中分别输入 0、50、100 三个位置点，并分别设置三个位置点颜色的 RGB 值为 0（202、229、242）、50（249、248、208）、100（202、227、204），如图 6-73 所示，单击"确定"按钮。在图像窗口中由右下角至左上角拖曳光标填充渐变色，效果如图 6-74 所示。

（3）按 Ctrl+O 组合键，打开云盘中的"Ch06 > 素材 > 制作媒体娱乐公众号封面次图 > 01"文件。选择"移动"工具，将人物图片拖曳到新建图像窗口中适当的位置，如图 6-75 所示，在"图层"控制面板中生成新图层并将其命名为"人物 1"。

图 6-73

图 6-74

图 6-75

（4）选择"图像 > 调整 > 黑白"命令，在弹出的"黑白"对话框中进行设置，如图 6-76 所示；单击"确定"按钮，效果如图 6-77 所示。

（5）在"图层"控制面板上方，将"人物 1"图层的混合模式选项设为"正片叠底"，"不透明度"选项设为 80%，如图 6-78 所示，按 Enter 键确定操作，效果如图 6-79 所示。

（6）选择"图像 > 调整 > 渐变映射"命令，弹出对话框。单击"点按可编辑渐变"按钮，弹出"渐变编辑器"对话框。将渐变色设为从橘色（255、83、16）到白色，如图 6-80 所示，单击"确定"按钮。返回到"渐变映射"对话框，单击"确定"按钮，效果如图 6-81 所示。

图 6-76

图 6-77

图 6-78

图 6-79

图 6-80

图 6-81

（7）单击"图层"控制面板下方的"添加图层蒙版"按钮 ▣，为图层添加蒙版，如图 6-82 所示。选择"渐变"工具 ▣，单击属性栏中的"点按可编辑渐变"按钮 ，弹出"渐变编辑器"对话框。将渐变色设为从黑色到白色，单击"确定"按钮。在人物图像下方从下向上拖曳渐变色，效果如图 6-83 所示。

（8）按 Ctrl+O 组合键，打开云盘中的"Ch06 > 素材 > 制作媒体娱乐公众号封面次图 > 02"文件。选择"移动"工具 ✛，将人物拖曳到新建图像窗口中适当的位置，效果如图 6-84 所示，在"图层"控制面板中生成新的图层并将其命名为"人物 2"。

图 6-82

图 6-83

图 6-84

（9）按 Ctrl+T 组合键，在图像周围出现变换框，在变换框中单击，在弹出的菜单中选择"水平翻转"命令，水平翻转图像，按 Enter 键确定操作，效果如图 6-85 所示。

（10）选择"图像 > 调整 > 黑白"命令，在弹出的对话框中进行设置，如图 6-86 所示。单击"确定"按钮，效果如图 6-87 所示。

图 6-85

图 6-86

图 6-87

（11）在"图层"控制面板上方，将"人物 2"图层的混合模式选项设为"正片叠底"，"不透明度"选项设为 60%，如图 6-88 所示，按 Enter 键确定操作，效果如图 6-89 所示。

（12）选择"图像 > 调整 > 渐变映射"命令，弹出对话框。单击"点按可编辑渐变"按钮，弹出"渐变编辑器"对话框。将渐变色设为从绿色（0、233、164）到白色，如图 6-90 所示，单击"确定"按钮。返回到"渐变映射"对话框，单击"确定"按钮，效果如图 6-91 所示。

图 6-88

图 6-89

图 6-90

（13）按 Ctrl+O 组合键，打开云盘中的"Ch06 > 素材 > 制作媒体娱乐公众号封面次图 > 03"文件。选择"移动"工具，将文字图片拖曳到新建图像窗口中适当的位置，效果如图 6-92 所示，在"图层"控制面板中生成新图层并将其命名为"文字"。

（14）将前景色设为橙色（255、144、0）。选择"横排文字"工具，在适当的位置输入需要的文字并选取文字，在属性栏中选择合适的字体并设置大小，单击"右对齐文本"按钮 ≡，效果如图 6-93 所示，在"图层"控制面板中生成新的文字图层。

图 6-91　　　　　　　　　　　图 6-92　　　　　　　　　　　图 6-93

（15）选择"窗口 > 字符"命令，弹出"字符"控制面板，将"设置行距" ⚟ (自动) 选项设置为 20，其他选项的设置如图 6-94 所示；按 Enter 键确定操作，效果如图 6-95 所示。

图 6-94　　　　　　　　　　　图 6-95

（16）选择"横排文字"工具 T，在图像窗口中鼠标指针变为 I 图标，单击并按住鼠标不放向右下方拖曳鼠标，松开鼠标，拖曳出一个段落文本框，输入需要的文字，在属性栏中选择合适的字体并设置大小，单击"右对齐文本"按钮 ≡，效果如图 6-96 所示，在"图层"控制面板中生成新的文字图层。

（17）在"字符"控制面板中，将"设置行距" ⚟ (自动) 选项设置为 6 点，其他选项的设置如图 6-97 所示；按 Enter 键确定操作，效果如图 6-98 所示。

图 6-96　　　　　　　　　　　图 6-97　　　　　　　　　　　图 6-98

（18）在"图层"控制面板上方，将"Pick up your mike, follow…"图层的"不透明度"选项设为 60%，如图 6-99 所示，按 Enter 键确定操作，效果如图 6-100 所示。至此，媒体娱乐公众号封面次图制作完成。

图 6-99　　　　　　　　　　　　图 6-100

6.10　照片滤镜

"照片滤镜"命令用于模仿传统相机的滤镜效果处理图像，通过调整图片颜色可以获得各种效果。

打开一张图片，如图 6-101 所示。选择"照片滤镜"命令，弹出"照片滤镜"对话框，如图 6-102 所示。在对话框的"滤镜"选项中选择颜色调整的过滤模式。单击"颜色"选项的色块，弹出"拾色器"对话框，可以在对话框中设置精确的颜色对图像进行过滤。拖动"浓度"选项的滑块，设置过滤颜色的百分比。

图 6-101　　　　　　　　　　　　图 6-102

勾选"保留明度"选项进行调整时，图片的明亮度保持不变；取消勾选时，则图片的全部颜色都随之改变，效果如图 6-103 和图 6-104 所示。

图 6-103

图 6-104

6.11　曝光

6.11.1　阴影/高光

"阴影/高光"命令用于快速改善图像中曝光过度或曝光不足区域的对比度，同时保持照片的整体平衡。

打开一幅图像，如图 6-105 所示，选择"阴影/高光"命令，弹出"阴影/高光"对话框，如图 6-106 所示，可以预览到图像的暗部变化，效果如图 6-107 所示。

图 6-105　　　　　　　　　　　图 6-106　　　　　　　　　　　图 6-107

在"阴影/高光"对话框中，在"阴影"选项组中的"数量"选项中可拖动滑块设置暗部数量的百分比，数值越大图像越亮。在"高光"选项组中的"数量"选项中也可拖动滑块设置高光数量的百分比，数值越大图像越暗。"显示更多选项"选项用于显示或者隐藏其他选项，进一步对各选项组进行精确设置。

6.11.2　课堂案例——制作时尚娱乐 App 引导页

📋 案例学习目标

学习使用图像调整命令下的色阶、阴影/高光命令制作出需要的效果。

📋 案例知识要点

使用色阶、阴影/高光命令调整曝光不足的照片；最终效果如图 6-108 所示。

◎ 效果所在位置

云盘/Ch06/效果/制作时尚娱乐 App 引导页.psd。

扫码观看
本案例视频

扫码查看
扩展案例

图 6-108

（1）按 Ctrl+N 组合键，弹出"新建文档"对话框，设置宽度为 750 像素，高度为 1 334 像素，分辨率为 72 像素/英寸，颜色模式为 RGB，背景内容为白色，单击"创建"按钮，新建一个文件。

（2）按 Ctrl+O 组合键，打开云盘中的"Ch06 > 素材 > 制作时尚娱乐 App 引导页 > 01"文件，选择"移动"工具 ，将人物图片拖曳到新建图像窗口中适当的位置，效果如图 6-109 所示，在"图层"控制面板中生成新的图层并将其命名为"人物"。

（3）选择"图像 > 调整 > 色阶"命令，在弹出的"色阶"对话框中进行设置，如图 6-110 所示；单击"确定"按钮，效果如图 6-111 所示。

图 6-109　　　　　　　　　　　　图 6-110　　　　　　　　　　　　图 6-111

（4）选择"图像 > 调整 > 阴影/高光"命令，在弹出的"阴影/高光"对话框中进行设置，如图 6-112 所示；单击"确定"按钮，效果如图 6-113 所示。

（5）按 Ctrl+O 组合键，打开云盘中的"Ch06 > 素材 > 制作时尚娱乐 App 引导页 > 02"文件，选择"移动"工具 ，将文字图片拖曳到新建图像窗口中适当的位置，效果如图 6-114 所示，在"图层"控制面板中生成新的图层并将其命名为"文字"。至此，时尚娱乐 App 引导页制作完成。

图 6-112　　　　　　　　　　　图 6-113　　　　　　　图 6-114

6.12　反相和色调均化

"反相"和"色调均化"命令用于调整图像的色相和色调。下面，将对其进行具体的讲解。

6.12.1　反相

选择"反相"命令，或按 Ctrl+I 组合键，可以将图像或选区的像素反转为其补色，使其出现底片效果。

原图及不同色彩模式的图像反相后的效果，如图 6-115 所示。

原图　　　　　　　　　RGB 色彩模式反相后的效果　　　　　CMYK 色彩模式反相后的效果

图 6-115

　　反相效果是对图像的每一个色彩通道进行反相后的合成效果，不同色彩模式的图像反相后的效果是不同的。

6.12.2　色调均化

"色调均化"命令用于调整图像或选区像素的过黑部分，使图像变得明亮，并将图像中其他的像素平均分配到亮度色谱中。

选择"色调均化"命令，不同的色彩模式图像将产生不同的图像效果，如图 6-116 所示。

| 原图 | RGB 色调均化的效果 | CMYK 色调均化的效果 | Lab 色调均化的效果 |

图 6-116

6.13　阈值和色调分离

"阈值"和"色调分离"命令用于调整图像的色调和将图像中的色调进行分离。下面，将对其进行具体的讲解。

6.13.1　阈值

"阈值"命令用于提高图像色调的反差度。打开一幅图像，如图 6-117 所示，选择"阈值"命令，弹出"阈值"对话框，如图 6-118 所示。在"阈值"对话框中拖曳滑块或在"阈值色阶"选项的数值框中输入数值，可以改变图像的阈值，系统会使大于阈值的像素变为白色，小于阈值的像素变为黑色，使图像具有高度反差，图像效果如图 6-119 所示。

图 6-117　　　　　　　　　　　图 6-118　　　　　　　　　　图 6-119

6.13.2　课堂案例——制作太仪合文化公众号首页次图

 案例学习目标

学习使用图像调整命令下的阈值命令制作出需要的效果。

案例知识要点

使用阈值命令制作人物轮廓照片；使用移动工具添加图片；最终效果如图 6-120 所示。

扫码观看 扫码查看
本案例视频 扩展案例

图 6-120

效果所在位置

云盘/Ch06/效果/制作太仪合文化公众号首页次图.psd。

（1）按 Ctrl+N 组合键，弹出"新建文档"对话框，设置宽度为 200 像素，高度为 200 像素，分辨率为 72 像素/英寸，颜色模式为 RGB，背景内容为白色，单击"创建"按钮，新建一个文件。

（2）按 Ctrl+O 组合键，打开云盘中的"Ch06 > 素材 > 制作太仪合文化公众号首页次图 > 01"文件，选择"移动"工具，将人物图片拖曳到新建图像窗口中适当的位置，并调整其大小，效果如图 6-121 所示，在"图层"控制面板中生成新的图层并将其命名为"人物"，如图 6-122 所示。

（3）选择"图像 > 调整 > 阈值"命令，在弹出的"阈值"对话框中进行设置，如图 6-123 所示；单击"确定"按钮，效果如图 6-124 所示。

图 6-121　　　　　　　　　　　　　图 6-122

（4）按 Ctrl+O 组合键，打开云盘中的"Ch06 > 素材 > 制作太仪合文化公众号首页次图 > 02"文件，选择"移动"工具，将文字图片拖曳到新建图像窗口中适当的位置，效果如图 6-125 所示，在"图层"控制面板中生成新的图层并将其命名为"文字"。至此，太仪合文化公众号首页次图制作完成。

图 6-123　　　　　　　　　图 6-124　　　　　　　　　图 6-125

6.13.3　色调分离

"色调分离"命令用于将图像中的色调进行分离。打开一幅图像，如图 6-126 所示，选择"色调分离"命令，弹出"色调分离"对话框，如图 6-127 所示。

图 6-126

图 6-127

在"色调分离"对话框中,"色阶"选项用于指定色阶数,系统将以 256 阶的亮度对图像中的像素亮度进行分配。色阶数值越高,图像产生的变化越小。"色调分离"命令主要用于减少图像中的灰度。

不同的色阶数值会产生的不同效果的图像,如图 6-128 和图 6-129 所示。

图 6-128

图 6-129

课后习题——制作餐饮行业公众号封面次图

习题知识要点

使用照片滤镜命令和阴影/高光命令调整美食照片;使用横排文字工具添加文字;效果如图 6-130 所示。

图 6-130

扫码观看
本案例视频

效果所在位置

云盘/Ch06/效果/制作餐饮行业公众号封面次图.psd。

07

第 7 章
图层的应用

图层在 Photoshop CC 2019 中有着举足轻重的作用。只有熟练掌握了图层的概念和操作，才有可能成为真正的 Photoshop CC 2019 高手。本章将详细讲解图层的应用方法和操作技巧。读者通过学习本章要了解并掌握图层的强大功能，并能充分利用好图层来为自己的设计作品增光添彩。

课堂学习目标

- ✔ 掌握图层混合模式的应用技巧
- ✔ 掌握图层样式添加技巧
- ✔ 掌握图层的编辑方法和技巧
- ✔ 掌握图层蒙版的建立和使用方法
- ✔ 掌握应用填充和调整图层的方法
- ✔ 了解样式面板的使用方法

7.1 图层的混合模式

"图层的混合模式"命令用于为图层添加不同的模式，使图层产生不同的效果。在"图层"控制面板中，第一个选项 正常 用于设定图层的混合模式，它包含 27 种模式，如图 7-1 所示。

打开一幅图像，如图 7-2 所示，"图层"控制面板中的效果如图 7-3 所示。下面，以实例来对各模式进行讲解。

图 7-1　　　　　　图 7-2　　　　　　　　图 7-3

在对"蝴蝶"图层应用不同的混合模式后，图像的混合效果如图 7-4 所示。

正常　　　　溶解　　　　变暗　　　　正片叠底

颜色加深　　　线性加深　　　深色　　　　变亮

图 7-4

滤色　　颜色减淡　　线性减淡　　浅色

叠加　　柔光　　强光　　亮光　　线性光

点光　　实色混合　　差值　　排除　　减去

划分　　色相　　饱和度　　颜色　　明度

图7-4（续）

7.2　图层特殊效果

　　"图层特殊效果"命令用于为图层添加不同的效果，使图层中的图像产生丰富的变化。下面，将对其进行具体介绍。

7.2.1 使用图层特殊效果的方法

使用图层特殊效果，有以下几种方法。

➡ 使用"图层"控制面板弹出式菜单。单击"图层"控制面板右上方的图标 ☰，将弹出其下拉命令菜单。在弹出的菜单中选择"混合选项"命令，弹出相应的对话框，如图 7-5 所示。"混合选项"命令用于对当前图层进行特殊效果的处理。单击其中的任何一个图标，都会弹出相应的效果对话框。

➡ 使用菜单"图层"命令。选择"图层 > 图层样式 > 混合选项"命令，弹出相应的对话框。

➡ 使用"图层"控制面板按钮。单击"图层"控制面板中的按钮 fx，弹出图层特殊效果下拉菜单命令，如图 7-6 所示。

图 7-5   图 7-6

7.2.2 图层特殊效果介绍

下面，将对图层的特殊效果分别进行介绍。

1. "样式"命令

"样式"命令用于使当前图层产生样式效果。选择此命令会弹出相应的对话框，如图 7-7 所示。

选择好要应用的样式，单击"确定"按钮，效果将出现在图层中。如果用户制作了新的样式效果也可以将其保存，单击"新建样式"按钮，弹出"新建样式"对话框，如图 7-8 所示，输入名称后，单击"确定"按钮即可。

图 7-7   图 7-8

2. "混合选项"命令

"混合选项"命令用于使当前图层产生其默认效果。选择此命令将弹出相应的对话框，如图 7-9 所示。

图 7-9

在该对话框中，"混合模式"选项用于选择混合模式；"不透明度"选项用于设定不透明度；"填充不透明度"选项用于设定填充图层的不透明度；"通道"选项用于选择要混合的通道；"挖空"选项用于设定图层颜色的深浅；"将内部效果混合成组"选项用于将本次的图层效果组成一组；"将剪贴图层混合成组"选项用于将剪贴的图层组成一组；"混合颜色带"选项用于将图层的设定色彩混合；"本图层"和"下一图层"选项用于设定当前图层和下一图层颜色的深浅。

3. "斜面和浮雕"命令

"斜面和浮雕"命令用于使当前图层产生一种倾斜与浮雕的效果。打开一幅图像，效果如图 7-10 所示。"图层"控制面板显示如图 7-11 所示。选择"斜面和浮雕"命令会弹出相应的对话框，如图 7-12 所示。应用"斜面和浮雕"命令后图像效果如图 7-13 所示。

图 7-10

图 7-11

图 7-12

4. "描边"命令

"描边"命令用于当前图层的图案描边。选择此命令会弹出相应的对话框，如图 7-14 所示。应用"描边"命令后图像效果如图 7-15 所示。

5. "内阴影"命令

"内阴影"命令用于在当前图层内部产生阴影效果。此命令的对话框内容与"投影"命令的对话框内容基本相同。选择此命令会弹出相应的对话框，如图 7-16 所示。应用"内阴影"命令后图像效果如图 7-17 所示。

图 7-13   图 7-14   图 7-15

图 7-16   图 7-17

6. "内发光"命令

"内发光"命令用于在图像的边缘内部产生一种辉光效果。此命令的对话框内容与"外发光"命令的对话框内容基本相同。选择此命令会弹出相应的对话框，如图 7-18 所示。应用"内发光"命令后图像效果如图 7-19 所示。

图 7-18   图 7-19

7. "光泽"命令

"光泽"命令用于使当前图层产生一种有光泽的效果。选择此命令会弹出相应的对话框，如图 7-20

所示。应用"光泽"命令后图像效果如图 7-21 所示。

图 7-20   图 7-21

8."颜色叠加"命令

"颜色叠加"命令用于使当前图层产生一种颜色叠加的效果。选择此命令会弹出相应的对话框，如图 7-22 所示。应用"颜色叠加"命令后图像效果如图 7-23 所示。

图 7-22   图 7-23

9."渐变叠加"命令

"渐变叠加"命令用于使当前图层产生一种渐变叠加的效果。选择此命令会弹出相应的对话框，如图 7-24 所示。应用"渐变叠加"命令后图像效果如图 7-25 所示。

图 7-24   图 7-25

10. "图案叠加"命令

"图案叠加"命令用于在当前图层的基础上产生一个新的图案覆盖效果层。选择此命令会弹出相应的对话框,如图 7-26 所示。应用"图案叠加"命令后图像效果如图 7-27 所示。

图 7-26   图 7-27

11. "外发光"命令

"外发光"命令用于在图像的边缘外部产生一种辉光效果。选择此命令会弹出相应的对话框,如图 7-28 所示。应用"外发光"命令后图像效果如图 7-29 所示。

图 7-28   图 7-29

12. "投影"命令

"投影"命令用于使当前图层产生阴影效果。选择"投影"命令会弹出相应的对话框,如图 7-30 所示。应用"投影"命令后图像效果如图 7-31 所示。

图 7-30   图 7-31

7.2.3　课堂案例——制作家电类网站首页 Banner

案例学习目标

学习使用混合模式和图层蒙版命令调整图像。

案例知识要点

使用移动工具添加图片；使用图层混合模式和图层蒙版制作火焰；最终效果如图 7-32 所示。

扫码观看
本案例视频　扫码查看
扩展案例

图 7-32

效果所在位置

云盘/Ch07/效果/制作家电类网站首页 Banner.psd。

（1）按 Ctrl+N 组合键，弹出"新建文档"对话框，设置宽度为 1 920 像素，高度为 800 像素，分辨率为 72 像素/英寸，颜色模式为 RGB，背景内容为深灰色（33、33、33），单击"创建"按钮，新建一个文件。

（2）按 Ctrl+O 组合键，打开云盘中的"Ch07 > 素材 > 制作家电类网站首页 Banner > 01、02"文件。选择"移动"工具 ，分别将"01"和"02"图片拖曳到图像窗口中适当的位置，效果如图 7-33 所示，在"图层"控制面板中分别生成新图层并将其命名为"电暖气"和"火圈"。

图 7-33

（3）在"图层"控制面板上方，将"火圈"图层的混合模式选项设为"滤色"，如图 7-34 所示，图像效果如图 7-35 所示。

（4）单击"图层"控制面板下方的"添加图层蒙版"按钮 ，为"火圈"图层添加图层蒙版，如图 7-36 所示。将前景色设为黑色。选择"画笔"工具 ，在属性栏中单击"画笔预设"选项右侧的按钮 ，在弹出的画笔面板中选择需要的画笔形状，将"大小"选项设为 300 像素，如图 7-37 所示。在图像窗口中拖曳鼠标擦除不需要的图像，效果如图 7-38 所示。

图 7-34   图 7-35

图 7-36   图 7-37   图 7-38

（5）按 Ctrl+O 组合键，打开云盘中的"Ch07 ＞ 素材 ＞ 制作家电类网站首页 Banner ＞ 03"文件。选择"移动"工具 ⊕，将"03"图片拖曳到图像窗口中适当的位置，效果如图 7-39 所示，在"图层"控制面板中生成新图层并将其命名为"火焰"。

（6）在"图层"控制面板上方，将"火焰"图层的混合模式选项设为"滤色"。单击"图层"控制面板下方的"添加图层蒙版"按钮 ◻，为"火焰"图层添加图层蒙版。选择"画笔"工具 ✐，擦除不需要的图像，效果如图 7-40 所示。用相同的方法，用"04"文件制作出图 7-41 所示的效果。

图 7-39   图 7-40   图 7-41

（7）按 Ctrl+O 组合键，打开云盘中的"Ch07 ＞ 素材 ＞ 制作家电类网站首页 Banner ＞ 05"文件。选择"移动"工具 ⊕，将"05"图片拖曳到图像窗口中适当的位置，并调整其大小，效果如图 7-42 所示，在"图层"控制面板中生成新图层并将其命名为"文字"。

（8）在"图层"控制面板上方，将"文字"图层的混合模式选项设为"变亮"，图像效果如图 7-43 所示。至此，家电类网站首页 Banner 制作完成。

图 7-42   图 7-43

7.2.4　课堂案例——制作光亮环电子数码公众号首页次图

案例学习目标

学习使用多种图层样式制作出需要的效果。

案例知识要点

使用横排文字工具、自定形状工具和高斯模糊命令添加图形和文字；使用添加图层样式按钮制作光亮字体效果；最终效果如图 7-44 所示。

扫码观看　　扫码查看
本案例视频　扩展案例

图 7-44

效果所在位置

云盘/Ch07/效果/制作光亮环电子数码公众号首页次图.psd。

（1）按 Ctrl+N 组合键，弹出"新建文档"对话框，设置宽度为 200 像素，高度为 200 像素，分辨率为 72 像素/英寸，颜色模式为 RGB，背景内容为白色，单击"创建"按钮，新建一个文件。

（2）按 Ctrl+O 组合键，打开云盘中的"Ch07 > 素材 > 制作光亮环电子数码公众号首页次图 > 01"文件，选择"移动"工具 ✛，将图片拖曳到新建图像窗口中适当的位置，并调整其大小，效果如图 7-45 所示，在"图层"控制面板中生成新图层并将其命名为"星空"。

（3）将前景色设为紫色（152、92、165）。选择"横排文字"工具 T，在适当的位置输入需要的文字并选取文字，在属性栏中选择合适的字体并设置大小，效果如图 7-46 所示，在"图层"控制面板中生成新的文字图层。

图 7-45　　　　　　　图 7-46

（4）选取需要的文字。按 Ctrl+T 组合键，弹出"字符"控制面板，将"设置所选字符的字距调整" 选项设置为-5，其他选项的设置如图 7-47 所示；按 Enter 键确定操作，效果如图 7-48 所示。

图 7-47　　　　　　　图 7-48

（5）新建图层并将其命名为"图形"。选择"自定形状"工具 ，单击"形状"选项右侧的按钮 ，弹出形状选择面板，单击面板右上方的按钮 ，在弹出的菜单中选择"全部"命令，弹出提示对话框，单击"确定"按钮。在"形状"面板中选择需要的图形，如图 7-49 所示。在属性栏中"选择工具模式"选项中选择"像素"，在图像窗口中拖曳光标绘制图形，如图 7-50 所示。

图 7-49　　　　　　　图 7-50

（6）在"图层"控制面板中，按住 Shift 键的同时，将"Starry Night"文字图层和"图形"图层同时选取，如图 7-51 所示。按 Ctrl+E 组合键，合并选中的图层并将其命名为"图形文字"，如图 7-52 所示。

（7）按 Ctrl+J 组合键，复制"图形文字"图层，生成新的图层"图形文字 拷贝"，并将其拖曳到"图形文字"图层的下方，如图 7-53 所示。选择"滤镜 > 模糊 > 高斯模糊"命令，在弹出的"高斯模糊"对话框中进行设置，如图 7-54 所示；单击"确定"按钮，效果如图 7-55 所示。

图 7-51　　　　　　　　　　图 7-52

图 7-53　　　　　　　图 7-54　　　　　　　图 7-55

（8）在"图层"控制面板上方，将"图形文字"图层的"填充"选项设为 0，如图 7-56 所示，按 Enter 键，图像效果如图 7-57 所示。

图 7-56　　　　　　　　　　图 7-57

（9）单击"图层"控制面板下方的"添加图层样式"按钮 *fx*，在弹出的菜单中选择"斜面和浮雕"命令，在弹出的对话框中进行设置，如图 7-58 所示。选择"颜色叠加"选项，切换到相应的对话框中，将叠加颜色设为白色，其他选项的设置如图 7-59 所示。

（10）选择"外发光"选项，切换到相应的对话框中，将发光颜色设为白色，其他选项的设置如图 7-60 所示；选择"投影"选项，切换到相应的对话框中，将叠加颜色设为白色，其他选项的设置如图 7-61 所示；单击"确定"按钮，效果如图 7-62 所示。至此，光亮环电子数码公众号首页次图制作完成。

图 7-58

图 7-59

图 7-60

图 7-61

图 7-62

7.3 图层的编辑

在制作多层图像效果的过程中，需要对图层进行编辑和管理。

7.3.1 图层的显示、选择、链接和排列

图层的显示、选择、链接和排列等都是用户应该快速掌握的基本操作。下面将讲解其具体的操作方法。

1. 图层的显示

显示图层有以下几种方法。

➡ 使用"图层"控制面板图标。单击"图层"控制面板中一个图层左边的眼睛 ◉ 图标，可以显示或隐藏这个图层。

➡ 使用快捷键。按住 Alt 键，单击"图层"控制面板中一个图层左边的眼睛 ◉ 图标，这时，图层控制面板中只显示这个图层，其他图层将不显示。再次单击"图层"控制面板中的这个图层左边的眼睛 ◉ 图标，将显示全部图层。

2. 图层的选择

选择图层有以下几种方法。

➡ 使用鼠标。单击"图层"控制面板中的一个图层，可以选择这个图层。

➡ 使用鼠标右键。按 V 键，选择"移动"工具 ✛，用鼠标右键单击窗口中的图像，弹出一组供选择的图层选项菜单，选择所需的图层即可。将光标靠近需要的图像进行以上的操作，就可以选择这个图像所在的图层了。

3. 图层的链接

按住 Ctrl 键，连续单击选择多个要链接的图层，单击"图层"控制面板下方的"链接图层"按钮 ∞ 。若图层中显示出链接图标 ∞，则表示已将所选图层链接。图层链接后，将成为一组，当对一个链接图层进行操作时，将会影响一组链接图层。再次单击"图层"控制面板中的"链接图层"按钮 ∞ ，可以取消图层的链接。

> 选择链接图层，再选择"图层 > 对齐"命令，弹出"对齐"命令的子菜单，选择需要的对齐方式命令后，可以按设置对齐链接图层中的图像。

4. 图层的排列

排列图层有以下几种方法。

➡ 使用鼠标拖放。单击"图层"控制面板中的一个图层并按住鼠标左键，拖曳鼠标可将其放到其他图层的上方或下方。注意背景层不能移动拖放，应先将其转换为普通层再进行移动拖放。

➡ 使用"图层"命令。选择"图层 > 排列"命令，弹出"排列"命令的子菜单，选择其中的排列方式即可。

➡ 使用快捷键。按 Ctrl+[组合键，可以将当前图层向下移动一层。按 Ctrl+] 组合键，可以将当前图层向上移动一层。按 Shift+Ctrl+[组合键，可以将当前图层移动到全部图层的底层。按 Shift + Ctrl+]组合键，可以将当前图层移动到全部图层的顶层。

7.3.2 新建图层组

当编辑多层图像时，为了方便操作，可以将多个图层建立在一个图层组中。

新建图层组有以下几种方法。

➡ 使用"图层"控制面板弹出式菜单。单击"图层"控制面板右上方的图标 ≡，弹出其下拉命令菜单。在弹出式菜单中选择"新建组"命令，弹出"新建组"对话框，如图 7-63 所示。在该对话框中，"名称"选项用于设定新图层组的名称；"颜色"选项用于选择新图层组在控制面板上的显示颜色；"模式"选项用于设定当前图层的合成模式；"不透明度"选项用于设定当前图层的不透明度值。

单击"确定"按钮，建立如图 7-64 所示的图层组，也就是"组 1"。

 使用"图层"控制面板按钮。单击"图层"控制面板中的"创建新组"按钮 □，将新建一个图层组。

 使用"图层"命令。选择"图层 > 新建 > 组"命令，弹出"新建组"对话框。单击"确定"按钮，也可建立图层组。

> **提示** Photoshop CC 2019 在支持图层组的基础上增加了多级图层组的嵌套，以便于用户在进行复杂设计的时候能够更好地管理图层。

在"图层"控制面板中，可以按照需要的级次关系新建图层组和图层，如图 7-65 所示。

图 7-63   图 7-64   图 7-65

> **提示** 可以将多个已建立图层放入一个新的图层组中，操作的方法很简单，将"图层"控制面板中的已建立图层图标拖放到新的图层组图标上即可，也可以将图层组中的图层拖放到图层组外。

7.3.3 从图层新建组、锁定组内的所有图层

在编辑图像的过程中，可以将图层组中的图层进行链接和锁定。

"从图层新建组"命令用于将当前选择的图层构成一个图层组。

"锁定组内的所有图层"命令用于将图层组中的全部图层锁定。锁定后，图层将不能被编辑。

7.3.4 合并图层

在编辑图像的过程中，可以将图层进行合并。

"向下合并"命令用于向下合并一层图层。单击"图层"控制面板右上方的图标 ，在弹出的下拉命令菜单中选择"向下合并"命令，或按 Ctrl+E 组合键即可。

"合并可见图层"命令用于合并所有可见图层。单击"图层"控制面板右上方的图标 ，在弹出的下拉命令菜单中选择"合并可见图层"命令，或按 Shift+Ctrl+E 组合键即可。

"拼合图像"命令用于合并所有的图层。单击"图层"控制面板右上方的图标 ，在弹出的下拉

命令菜单中选择"拼合图像"命令，也可选择"图层 > 拼合图像"命令。

7.3.5 图层面板选项

"面板选项"命令，用于设定"图层"控制面板中缩览图的大小。

"图层"控制面板中的原始效果如图 7-66 所示。单击右上方的图标▤，在弹出的下拉菜单中选择"面板选项"命令，弹出图 7-67 所示的"图层面板选项"对话框。在该对话框中单击需要的缩览图单选框，可以选择缩览图的大小。调整后的效果如图 7-68 所示。

图 7-66　　　　　　　　　　图 7-67　　　　　　　　　　图 7-68

7.3.6 图层复合

使用"图层复合"控制面板可将同一文件内的不同图层效果组合另存为多个"图层效果组合"，可以更加方便、快捷地展示和比较不同图层组合设计的视觉效果。

打开一幅图像，效果如图 7-69 所示，"图层"控制面板如图 7-70 所示。选择"窗口 > 图层复合"命令，弹出"图层复合"控制面板，如图 7-71 所示。

图 7-69　　　　　　　　　　图 7-70　　　　　　　　　　图 7-71

单击"图层复合"控制面板右上方的图标▤，在弹出式菜单中选择"新建图层复合"命令，弹出"新建图层复合"对话框，如图 7-72 所示。在该对话框中，"名称"选项用于设定新图层复合的名称，单击"确定"按钮，建立"图层复合 1"，如图 7-73 所示。所建立的"图层复合 1"中存储的就是当前的制作效果。

图 7-72　　　　　　　　　　　　　　　　　　图 7-73

对图像进行修饰和编辑，图像效果如图 7-74 所示，"图层"控制面板如图 7-75 所示。再选择"新建图层复合"命令，建立"图层复合 2"，如图 7-76 所示。所建立的"图层复合 2"中存储的就是修饰编辑后的制作效果。

图 7-74　　　　　　　　图 7-75　　　　　　　　图 7-76

在"图层复合"控制面板中，分别单击"图层复合 1"和"图层复合 2"左侧的状态框，显示出作用按钮，可以将两次的图像编辑效果进行比较，如图 7-77 所示。

图 7-77

7.3.7　图层剪贴蒙版

图层剪贴蒙版用于将相邻的图层编辑成剪贴蒙版。

在图层剪贴蒙版中，最底下的图层是基层，基层图像的透明区域将遮住上方各层的该区域。制作剪贴蒙版，图层之间的实线变为虚线，基层图层名称下有一条下划线。

打开一幅图像，选择"自定形状"工具，在"形状"选项中选择需要的形状，在图像窗口中绘制出需要的图形，填充适当的颜色并添加描边样式，"图层"控制面板显示如图 7-78 所示。图像效果如图 7-79 所示。

图 7-78 图 7-79

按住 Alt 键，单击两个图层间的实线，就制作出剪贴蒙版了，如图 7-80 所示，图像效果如图 7-81
所示。

图 7-80 图 7-81

7.3.8 课堂案例——制作文化创意教你 PS 公众号封面首图

 案例学习目标

学习使用创建剪贴蒙版命令制作出需要的效果。

 案例知识要点

使用去色命令去除图片颜色；使用添加图层蒙版按钮、画笔工具、创建剪贴蒙版命令合成图片；
使用照片滤镜命令、色相/饱和度命令调整图片色调；使用横排文字工具、字符控制面板添加文字；
最终效果如图 7-82 所示。

扫码观看 扫码查看
本案例视频 扩展案例

图 7-82

效果所在位置

云盘/Ch07/效果/制作文化创意教你 PS 公众号封面首图.psd。

（1）按 Ctrl+N 组合键，弹出"新建文档"对话框，设置宽度为 1 175 像素，高度为 500 像素，分辨率为 72 像素/英寸，颜色模式为 RGB，背景内容为淡粉色（254、251、237），单击"创建"按钮，新建一个文件。

（2）按 Ctrl+O 组合键，打开云盘中的"Ch07 > 素材 > 制作文化创意教你 PS 公众号封面首图 > 01"文件，选择"移动"工具 ，将人物图片拖曳到新建图像窗口中适当的位置，并调整其大小，效果如图 7-83 所示，在"图层"控制面板中生成新图层并将其命名为"人物"。

（3）选择"图像 > 调整 > 去色"命令，去除图像颜色，效果如图 7-84 所示。单击"图层"控制面板下方的"添加图层蒙版"按钮 ，为"人物"图层添加图层蒙版，如图 7-85 所示。

图 7-83 图 7-84 图 7-85

（4）将前景色设为黑色。选择"画笔"工具 ，在属性栏中单击"画笔预设"选项右侧的按钮 ，在弹出的面板中选择需要的画笔形状，如图 7-86 所示，在属性栏中将"不透明度"选项设为 60%，在图像窗口中进行涂抹，擦除不需要的部分，效果如图 7-87 所示。

（5）单击"图层"控制面板下方的"创建新的填充或调整图层"按钮 ，在弹出的菜单中选择"照片滤镜"命令，在"图层"控制面板中生成"照片滤镜 1"图层，同时弹出"照片滤镜"面板，单击"此调整影响下面的所有图层"按钮 使其显示为"此调整剪切到此图层"按钮 ，其他选项设置如图 7-88 所示；按 Enter 键确定操作，图像效果如图 7-89 所示。

图 7-86 图 7-87 图 7-88 图 7-89

（6）按 Ctrl+O 组合键，打开云盘中的"Ch07 > 素材 > 制作文化创意教你 PS 公众号封面首图 > 02"文件，选择"移动"工具 ，将森林图片拖曳到新建图像窗口中适当的位置，效果如图 7-90 所示，在"图层"控制面板中生成新图层并将其命名为"森林 1"。按 Ctrl+Alt+G 组合键，为"森林 1"图层创建剪贴蒙版，图像效果如图 7-91 所示。

图 7-90　　　　　　　　　　　　　　　图 7-91

（7）单击"图层"控制面板下方的"添加图层蒙版"按钮 ，为"森林 1"图层添加图层蒙版，如图 7-92 所示。选择"画笔"工具 ，在属性栏中将"不透明度"选项设为 100%，在图像窗口中进行涂抹，擦除不需要的部分，效果如图 7-93 所示。

图 7-92　　　　　　　　　　　　　　　图 7-93

（8）用相同的方法分别打开"03""04"文件进行合成，效果如图 7-94 所示。单击"图层"控制面板下方的"创建新的填充或调整图层"按钮 ，在弹出的菜单中选择"色相/饱和度"命令，在"图层"控制面板中生成"色相/饱和度 1"图层，同时弹出"色相/饱和度"面板，单击"此调整影响下面的所有图层"按钮 使其显示为"此调整剪切到此图层"按钮 ，其他选项设置如图 7-95 所示；按 Enter 键确定操作，图像效果如图 7-96 所示。

图 7-94　　　　　　　　　图 7-95　　　　　　　　　图 7-96

（9）将前景色设为淡黑色（48、48、48）。选择"横排文字"工具 ，在适当的位置输入需要的文字并选取文字，在属性栏中选择合适的字体并设置大小，效果如图 7-97 所示，在"图层"控制面板中生成新的文字图层。

（10）按 Ctrl+T 组合键，弹出"字符"控制面板，将"设置所选字符的字距调整"██ 0 选项设置为 50，其他选项的设置如图 7-98 所示；按 Enter 键确定操作，效果如图 7-99 所示。至此，文化创意教你 PS 公众号封面首图制作完成。

图 7-97

图 7-98

图 7-99

7.4 图层的蒙版

图层蒙板可以使图层中图像的某些部分被处理成透明或半透明的效果，而且可以恢复已经处理过的图像，是 Photoshop CC 2019 的一种独特的处理图像方式。

7.4.1 建立图层蒙版

建立图层蒙版有以下几种方法。

➡ 使用"图层"控制面板按钮或快捷键。单击"图层"控制面板中的"添加图层蒙版"按钮 ▫，可以创建一个图层的蒙版，如图 7-100 所示。按住 Alt 键，单击"图层"控制面板中的"添加图层蒙版"按钮 ▫，可以创建一个遮盖图层全部的蒙版，如图 7-101 所示。

图 7-100

图 7-101

➡ 使用"图层"命令。选择"图层 > 图层蒙版 > 显示全部"命令。选择"图层 > 图层蒙版 > 隐藏全部"命令。

7.4.2 使用图层蒙版

打开一幅图像，如图 7-102 所示，"图层"控制面板显示如图 7-103 所示。

图 7-102　　　　　　　　　图 7-103

选择"画笔"工具 ，将前景色设定为黑色，画笔工具属性栏如图 7-104 所示。单击"图层"控制面板下方的"添加图层蒙版"按钮 ▢，可以创建一个图层的蒙版，效果如图 7-105 所示。在图层的蒙版中按所需的效果进行喷绘，人物的图像效果如图 7-106 所示。

图 7-104

图 7-105　　　　　　　　　图 7-106

在"图层"控制面板中图层的蒙版效果如图 7-107 所示。选择"通道"控制面板，控制面板中出现了图层的蒙版通道，如图 7-108 所示。

在"图层"控制面板中，图层图像与蒙版之间的 ▯ 是关联图标。在图层图像与蒙版关联的情况下，移动图像时蒙版会同步移动，单击关联图标 ▯，将不显示该图标，图层图像与蒙版可以分别进行操作。

在"通道"控制面板中，双击"人物蒙版"通道，弹出"图层蒙版显示选项"对话框，如图 7-109 所示，可以对蒙版选项中的颜色和不透明度进行设置。

选择"图层 > 图层蒙版 > 停用"命令，或在"图层"控制面板中，按住 Shift 键，单击图层蒙版，如图 7-110 所示，则图层蒙版被停用，图像将全部显示，效果如图 7-111 所示。再次按住 Shift 键，单击图层蒙版，将恢复图层蒙版效果。

按住 Alt 键，单击图层蒙版，图层图像就会消失，而只显示图层蒙版，效果如图 7-112 和图 7-113 所示。再次按住 Alt 键，单击图层蒙版，将恢复图层图像效果。按住 Alt+Shift 组合键，单击图层蒙版，将同时显示图像和图层蒙版的内容。

图 7-107   图 7-108   图 7-109

图 7-110   图 7-111   图 7-112   图 7-113

选择"图层 > 图层蒙版 > 删除"命令，或在图层蒙版上单击鼠标右键，在弹出的快捷菜单中选择"删除图层蒙版"命令，都可以删除图层蒙版。

7.4.3 课堂案例——制作饰品类公众号封面首图

案例学习目标

学习使用混合模式和图层蒙版命令调整图像。

案例知识要点

使用图层的混合模式融合图片；使用变换命令、图层蒙版和渐变工具制作倒影；最终效果如图 7-114 所示。

扫码观看   扫码查看
本案例视频   扩展案例

图 7-114

效果所在位置

云盘/Ch07/效果/制作饰品类公众号封面首图.psd。

（1）按 Ctrl+O 组合键，打开云盘中的"Ch07 > 素材 > 制作饰品类公众号封面首图 > 01、02"文件，如图 7–115 所示。选择"移动"工具 ，将"02"图片拖曳到"01"图像窗口中适当的位置，效果如图 7–116 所示，在"图层"控制面板中生成新图层并将其命名为"齿轮"。

图 7-115　　　　　　　　　　　　　　　　图 7-116

（2）在"图层"控制面板上方，将"齿轮"图层的混合模式选项设为"正片叠底"，如图 7–117 所示，图像效果如图 7–118 所示。

图 7-117　　　　　　　　　　　　　　　　图 7-118

（3）按 Ctrl+O 组合键，打开云盘中的"Ch07 > 素材 > 制作饰品类公众号封面首图 > 03"文件。选择"移动"工具 ，将"03"图片拖曳到"01"图像窗口中适当的位置，效果如图 7–119 所示，在"图层"控制面板中生成新图层并将其命名为"手表 1"。

（4）按 Ctrl+J 组合键，复制图层，在"图层"控制面板中生成新的图层"手表 1 拷贝"，将其拖曳到"手表 1"图层的下方，如图 7–120 所示。

图 7-119　　　　　　　　　　　　　　　　图 7-120

（5）按 Ctrl+T 组合键，在图像周围出现变换框。在变换框中单击鼠标右键，在弹出的菜单中选择"垂直翻转"命令，垂直翻转图像，并拖曳到适当的位置，按 Enter 键确定操作，效果如图 7-121 所示。单击"图层"控制面板下方的"添加图层蒙版"按钮 ，为图层添加蒙版，如图 7-122 所示。

图 7-121

图 7-122

（6）选择"渐变"工具 ，单击属性栏中的"点按可编辑渐变"按钮 ，弹出"渐变编辑器"对话框。将渐变色设为从黑色到白色，如图 7-123 所示，单击"确定"按钮。在图像下方从下向上拖曳渐变色，效果如图 7-124 所示。

图 7-123

图 7-124

（7）按 Ctrl+O 组合键，打开云盘中的"Ch07 > 素材 > 制作饰品类公众号封面首图 > 04"文件。选择"移动"工具 ，将"04"图片拖曳到"01"图像窗口中适当的位置，效果如图 7-125 所示，在"图层"控制面板中生成新图层并将其命名为"手表 2"。

（8）按 Ctrl+J 组合键，复制图层，在"图层"控制面板中生成新的图层"手表 2 拷贝"，将其拖曳到"手表 2"图层的下方。用相同的的方法制作手表倒影效果，如图 7-126 所示。

图 7-125

图 7-126

（9）按 Ctrl+O 组合键，打开云盘中的"Ch07 > 素材 > 制作饰品类公众号封面首图 > 05"文件。选择"移动"工具 ⊕，将"05"图片拖曳到"01"图像窗口中适当的位置，效果如图 7-127 所示，在"图层"控制面板中生成新图层并将其命名为"文字"。至此，饰品类公众号封面首图制作完成。

图 7-127

7.5 新建填充和调整图层

"新建填充图层"和"新建调整图层"命令用于对现有图层添加一系列的特殊效果。

7.5.1 新建填充图层

当需要新建填充图层时，可以选择"图层 > 新建填充图层"命令，或单击"图层"控制面板中的"创建新的填充或调整图层"按钮 ◐，弹出填充图层的 3 种方式，如图 7-128 所示。选择其中的一种方式将弹出"新建图层"对话框，这里以"渐变填充"为例，如图 7-129 所示。单击"确定"按钮，将弹出"渐变填充"对话框，如图 7-130 所示。再单击"确定"按钮，"图层"控制面板和图像的效果如图 7-131 和图 7-132 所示。

图 7-128

图 7-129

图 7-130

图 7-131

图 7-132

7.5.2　新建调整图层

当需要对一个或多个图层进行色彩调整时，可以新建调整图层。选择"图层 > 新建调整图层"命令，或单击"图层"控制面板中的"创建新的填充或调整图层"按钮 ，弹出调整图层色彩的多种方式，如图 7-133 所示。选择其中的一种方式将弹出"新建图层"对话框，这里以"色相/饱和度"为例，如图 7-134 所示。单击"确定"按钮，在弹出的"色相/饱和度"面板中按照如图 7-135 所示进行调整。按 Enter 键，"图层"控制面板和图像的效果如图 7-136 所示。

图 7-133　　　　　　　　　　　　　图 7-134　　　　　　　　　　　　　图 7-135

图 7-136

7.5.3　课堂案例——制作分众众传媒公众号首页次图

案例学习目标

学习使用创建新的填充或调整图层命令制作出需要的效果。

案例知识要点

使用色彩平衡命令、画笔工具为头发染色；最终效果如图 7-137 所示。

效果所在位置

云盘/Ch07/效果/制作分众众传媒公众号首页次图.psd。

扫码观看
本案例视频

扫码查看
扩展案例

图 7-137

（1）按 Ctrl+N 组合键，弹出"新建文档"对话框，设置宽度为 200 像素，高度为 200 像素，分辨率为 72 像素/英寸，颜色模式为 RGB，背景内容为白色，单击"创建"按钮，新建一个文件。

（2）按 Ctrl+O 组合键，打开云盘中的"Ch07 > 素材 > 制作分众众传媒公众号首页次图 > 01"文件，选择"移动"工具 ⊕，将人物图片拖曳到新建图像窗口中适当的位置，并调整其大小，效果如图 7-138 所示，在"图层"控制面板中生成新图层并将其命名为"人物"。

（3）单击"图层"控制面板下方的"创建新的填充或调整图层"按钮 ◨，在弹出的菜单中选择"色彩平衡"命令，在"图层"控制面板中生成"色彩平衡 1"图层，同时在弹出的"色彩平衡"面板中进行设置，如图 7-139 所示，按 Enter 键确定操作，图像效果如图 7-140 所示。

图 7-138　　　　　　　　　　图 7-139　　　　　　　　　　图 7-140

（4）将前景色设为黑色。选择"画笔"工具 ✐，在属性栏中单击"画笔预设"选项右侧的按钮 ⌄，在弹出的画笔选择面板中选择需要的画笔形状，如图 7-141 所示。在人物头发以外的区域进行涂抹，编辑状态如图 7-142 所示。按 [和] 键，适当调整画笔的大小，涂抹脸部，图像效果如图 7-143 所示。至此，分众众传媒公众号首页次图制作完成。

图 7-141　　　　　　　　　　图 7-142　　　　　　　　　　图 7-143

7.6 图层样式

"样式"控制面板可以用来保存并快速地套用各种图层特效于要编辑的对象中。这样，可以简化操作步骤、节省操作时间。

7.6.1 样式控制面板

选择"窗口 > 样式"命令，弹出"样式"控制面板，如图 7-144 所示。

选择"自定形状"工具 ⫶⫶，在"形状"选项中选择需要的形状，在图像窗口中绘制出需要的图形，如图 7-145 所示。在"样式"控制面板中选择要添加的样式，如图 7-146 所示。图像添加样式后的效果如图 7-147 所示。

图 7-144 　　　　　图 7-145 　　　　　图 7-146 　　　　　图 7-147

7.6.2 建立新样式

如果在"样式"控制面板中没有需要的样式，那么可以自己建立新的样式。

选择"图层 > 图层样式 > 混合选项"命令，弹出"图层样式"对话框。在该对话框中设置需要的特效，如图 7-148 所示。单击"新建样式"按钮，弹出"新建样式"对话框，按需要进行设置，如图 7-149 所示。

图 7-148

图 7-149

在"新建样式"对话框中，"包含图层效果"选项用于将特效添加到样式中，"包含图层混合选项"

用于将图层混合选项添加到样式中。单击"确定"按钮，新样式被添加到"样式"控制面板中，如图 7-150 所示。

7.6.3 载入样式

Photoshop CC 2019 提供了一些样式库，可以根据需要将其载入到"样式"控制面板中。

单击"样式"控制面板右上方的图标，在弹出式菜单中选择要载入的样式，如图 7-151 所示。选择任意一种样式后将弹出提示对话框，如图 7-152 所示。单击"追加"按钮，这种样式即被载入"样式"控制面板中，如图 7-153 所示。

图 7-150

图 7-151

图 7-152

图 7-153

7.6.4 还原样式的预设值

"复位样式"命令用于将"样式"控制面板还原为最初系统默认的状态。

单击"样式"控制面板右上方的图标，在弹出式菜单中选择"复位样式"命令，弹出提示对话框，如图 7-154 所示。单击"确定"按钮，"样式"控制面板被还原为系统默认的状态，如图 7-155 所示。

图 7-154

图 7-155

7.6.5　删除样式

"删除样式"命令用于删除"样式"控制面板中的样式。

将要删除的样式直接拖曳到"样式"控制面板下方的"删除样式"按钮 🗑 上，即可完成样式的删除。

7.6.6　清除样式

当对图像所应用的样式不满意时，可以对应用的样式进行清除。

选中要清除样式的图层，单击"样式"控制面板下方的"清除样式"按钮 ⊘，即可将为图像添加的样式清除。

课后习题——制作众森森金融公众号首页次图

🔗 习题知识要点

使用浮雕效果命令制作人物浮雕效果；使用曲线命令调整图像颜色效果；使用半调图案命令、极坐标命令、添加图层蒙版命令、描边命令及斜面和浮雕命令制作纪念币边缘的纹理；最终效果如图 7-156 所示。

图 7-156

扫码观看
本案例视频

◎ 效果所在位置

云盘/Ch07/效果/制作众森森金融公众号首页次图.psd。

08 第 8 章
文字的使用

Photoshop CC 2019 的文字输入和编辑功能与以前的版本相比有很大的改进和提高。本章将详细讲解文字的编辑方法和应用技巧。读者通过学习本章，要了解和掌握文字的功能及特点，并能在设计制作任务中充分利用文字效果。

课堂学习目标

- ✔ 掌握文字的水平和垂直输入的技巧
- ✔ 掌握文字图层的转换方法
- ✔ 掌握文字的变形技巧
- ✔ 掌握在路径上创建并编辑文字的方法
- ✔ 掌握字符与段落面板的设置方法

8.1 文字工具的使用

在 Photoshop CC 2019 中，文字工具包括"横排文字"工具、"直排文字"工具、"横排文字蒙版"工具和"直排文字蒙版"工具。应用文字工具可以实现对文字的输入和编辑。

8.1.1 文字工具

1. 横排文字工具

启用"横排文字"工具 **T.**，有以下几种方法。

➡ 单击工具箱中的"横排文字"工具 **T.**。

➡ 按 T 键。

启用"横排文字"工具 **T.**，属性栏将显示图 8-1 所示的状态。

图 8-1

在"横排文字"工具属性栏中，"切换文本取向"按钮 用于选择文字输入的方向；Adobe 黑体 Std 选项用于设定文字的字体及属性； 12点 选项用于设定字体的大小； 锐利 选项用于消除文字的锯齿，包括无、锐利、犀利、浑厚和平滑 5 个选项； 选项用于设定文字的段落格式，包括左对齐、居中对齐和右对齐 3 种格式； 按钮用于设置文字的颜色；"创建文字变形"按钮 用于对文字进行变形操作；"切换字符和段落面板"按钮 用于隐藏或打开"段落"和"字符"控制面板；"取消所有当前编辑"按钮 用于取消对文字的操作；"提交所有当前编辑"按钮 用于确定对文字的操作；"从文本创建 3D" 用于从文本创建 3D 动画。

2. 直排文字工具

应用"直排文字"工具 可以在图像中建立垂直文本。创建垂直文本工具属性栏和创建横排文字工具属性栏的功能基本相同。

3. 横排文字蒙版工具

应用"横排文字蒙版"工具 可以在图像中建立水平文本的选区。创建水平文本选区工具属性栏和创建横排文字工具属性栏的功能基本相同。

4. 直排文字蒙版工具

应用"直排文字蒙版"工具 可以在图像中建立垂直文本的选区。创建垂直文本选区工具属性栏和创建横排文字工具属性栏的功能基本相同。

8.1.2 建立点文字图层

建立点文字图层就是以点的方式建立文字图层。

将"横排文字"工具 **T.**移动到图像窗口中，鼠标指针变为 图标。在图像窗口中单击，此时出现一个带有选中文字的文字区域，如图 8-2 所示。切换到需要的输入法并输入需要的文字，文字会显示在图像窗口中，效果如图 8-3 所示。在输入文字的同时，"图层"控制面板中将自动生成一个新的文字图层，如图 8-4 所示。

图 8-2   图 8-3   图 8-4

8.1.3 建立段落文字图层

建立段落文字图层就是以段落文字框的方式建立文字图层。下面，将具体讲解建立段落文字图层的方法。

将"横排文字"工具 **T** 移动到图像窗口中，鼠标指针变为 Ｉ 图标。单击并按住鼠标左键，移动鼠标在图像窗口中拖曳出一个段落文本框，如图 8-5 所示。此时，图像窗口中上会出现一个虚线变换框且带有选中文本的矩形文本框，输入文字即可。段落文本框具有自动换行的功能，如果输入的文字较多，当文字宽度大于文本框宽度时，文字就会自动换到下一行显示，如图 8-6 所示。如果输入的文字需要分出段落，可以按 Enter 键进行操作。另外，还可以对文本框进行旋转、拉伸等操作。

图 8-5   图 8-6

8.1.4 消除文字锯齿

"消除锯齿"命令用于消除文字边缘的锯齿，得到比较光滑的文字效果。选择"消除锯齿"命令有以下几种方法。

➡ 应用菜单命令。选择"文字 > 消除锯齿"命令下拉菜单中的各个命令来消除文字锯齿，如图 8-7 所示。"无"命令表示不应用"消除锯齿"命令，此时，文字的边缘会出现锯齿；"锐利"命令用于对文字的边缘进行锐化处理；"犀利"命令用于使文字更加鲜明；"浑厚"命令用于使文字更加粗重；"平滑"命令用于使文字更加平滑。

➡ 应用"字符"控制面板。在"字符"控制面板中的"设置消除锯齿的方法"选项的下拉列表中选择消除文字锯齿的方法，如图 8-8 所示。

图 8-7   图 8-8

8.2 转换文字图层

在输入完文字后，可以根据设计制作的需要将文字进行一系列的转换。

8.2.1 将文字转换为路径

在图像中输入文字，如图 8-9 所示。选择"文字 > 创建工作路径"命令，在文字的边缘增加路径，如图 8-10 所示。

图 8-9   图 8-10

8.2.2 将文字转换为形状

在图像中输入文字，如图 8-11 所示。选择"文字 > 转换为形状"命令，在文字的边缘增加形状路径，如图 8-12 所示。在"图层"控制面板中，文字图层被形状图层所代替，如图 8-13 所示。

图 8-11   图 8-12   图 8-13

8.2.3　文字的横排与直排

在图像中输入横排文字，如图 8–14 所示。选择"文字 > 文本排列方向 > 垂直"命令，文字将从水平方向转换为垂直方向，如图 8–15 所示。

图 8-14　　　　　　　　　　图 8-15

8.2.4　点文字图层与段落文字图层的转换

在图像中建立点文字图层，如图 8–16 所示。选择"文字 > 转换为段落文本"命令，点文字图层将转换为段落文字图层，如图 8–17 所示。

图 8-16　　　　　　　　　　图 8-17

若要将建立的段落文字图层转换为点文字图层，则选择"文字 > 转换为点文本"命令即可。

8.3　文字变形效果

可以根据需要将输入完成的文字进行各种变形。打开一幅图像，按 T 键，选择"横排文字"工具 T，在属性栏中设置文字的属性，如图 8–18 所示，在图像窗口中单击并输入需要的文字，文字将显示在图像窗口中，效果如图 8–19 所示，在"图层"控制面板中生成新的文字图层。

图 8-18

单击文字工具属性栏中的"创建文字变形"按钮 工，弹出"变形文字"对话框，如图 8–20 所示，其中"样式"选项中有 15 种文字的变形效果，如图 8–21 所示。

图 8-19　　　　　　　　　图 8-20　　　　　　　　图 8-21

文字的多种变形效果，如图 8-22 所示。

图 8-22

8.4　排列文字

在 Photoshop CC 2019 中，可以把文本沿着路径放置，这样的文字还可以在 Illustrator 中直接编辑。

8.4.1　沿路径排列文字

打开一幅图像，选择"钢笔"工具 ✐，或按 P 键，在图像中绘制一条路径，如图 8-23 所示。按 T 键，选择"横排文字"工具 **T**，在文字工具属性栏中设置文字的属性，当鼠标指针停放在路径上时会变为 ↓ 图标，单击路径会出现闪烁的光标，此处成为输入文字的起始点，如图 8-24 所示。输入的文字会按照路径的形状进行排列，效果如图 8-25 所示。

　　　图 8-23　　　　　　　　　　图 8-24　　　　　　　　　　图 8-25

文字输入完成后，在"路径"控制面板中会自动生成文字路径层，如图 8-26 所示。取消"视图 ＞显示额外内容"命令的选中状态，可以隐藏文字路径，如图 8-27 所示。

　　　　图 8-26　　　　　　　　　　　图 8-27

"路径"控制面板中文字路径层与"图层"控制面板中相应的文字图层是相链接的，删除文字图层时，文字的路径层会自动被删除，删除其他工作路径不会对文字的排列有影响。如果要修改文字的排列形状，就需要对文字路径进行修改。

8.4.2　课堂案例——制作牛肉面海报

 案例学习目标

学习使用文字工具、字符控制面板制作牛肉面海报。

 案例知识要点

使用移动工具添加素材图片；使用椭圆工具、横排文字工具和字符控制面板制作路径文字；使用横排文字工具、矩形工具添加其他相关信息；最终效果如图 8-28 所示。

⊙ 效果所在位置

云盘/Ch08/效果/制作牛肉面海报.psd。

扫码观看
本案例视频

扫码查看
扩展案例

图 8-28

（1）按 Ctrl+O 组合键，打开云盘中的"Ch08 > 素材 > 制作牛肉面海报 > 01、02"文件，如图 8-29 所示。选择"移动"工具 ⊕，将"02"图片拖曳到"01"图像窗口中适当的位置，效果如图 8-30 所示，在"图层"控制面板中生成新的图层并将其命名为"面"。

（2）单击"图层"控制面板下方的"添加图层样式"按钮 fx，在弹出的菜单中选择"投影"命令，在弹出的对话框中进行设置，如图 8-31 所示；单击"确定"按钮，效果如图 8-32 所示。

图 8-29   图 8-30   图 8-31

（3）选择"椭圆"工具 ○，在属性栏的"选择工具模式"选项中选择"路径"，在图像窗口中绘制一个椭圆形路径，效果如图 8-33 所示。

（4）将前景色设为白色，选择"横排文字"工具 T，在属性栏中选择合适的字体并设置文字大小，将鼠标指针放置在椭圆形路径上时会变为 ✧ 图标，单击鼠标会出现一个带有选中文字的文字区域，此处成为输入文字的起始点，输入需要的白色文字，效果如图 8-34 所示，在"图层"控制面板生成新的文字层。

（5）将输入的文字同时选取，按 Ctrl+T 组合键，弹出"字符"控制面板，将"设置所选字符的字距调整" ⅤA 0 选项设置为-450，其他选项的设置如图 8-35 所示；按 Enter 键确定操作，效果如图 8-36 所示。

图 8-32

图 8-33

图 8-34

图 8-35

图 8-36

（6）选取文字"筋半肉面"，在属性栏中设置文字大小，效果如图 8-37 所示。在文字"肉"右侧单击插入光标，在"字符"控制面板，将"设置两个字符间的字距微调" 选项设置为 60，其他选项的设置如图 8-38 所示；按 Enter 键确定操作，效果如图 8-39 所示。

图 8-37

图 8-38

图 8-39

（7）用相同的方法制作其他路径文字，效果如图 8-40 所示。按 Ctrl+O 组合键，打开云盘中的"Ch08 > 素材 > 制作牛肉面海报 > 03"文件，选择"移动"工具 ⊕ ，将图片拖曳到图像窗口中适当的位置，效果如图 8-41 所示，在"图层"控制面板中生成新的图层并将其命名为"筷子"。

（8）选择"横排文字"工具 T ，在适当的位置输入需要的文字并选取文字，在属性栏中选择合适的字体并设置大小，设置文本颜色为浅金色（209、192、165），效果如图 8-42 所示，在"图层"

控制面板中生成新的文字图层。

图 8-40　　　　　　　　　图 8-41　　　　　　　　　图 8-42

（9）选择"横排文字"工具 T.，在适当的位置分别输入需要的文字并选取文字，在属性栏中选择合适的字体并设置大小，设置文本颜色为白色，效果如图 8-43 所示，在"图层"控制面板中分别生成新的文字图层。

（10）选取文字"订餐…**"，在"字符"控制面板中，将"设置所选字符的字距调整" 选项设置为 75，其他选项的设置如图 8-44 所示；按 Enter 键确定操作，效果如图 8-45 所示。

图 8-43　　　　　　　　　图 8-44　　　　　　　　　图 8-45

（11）选取数字"400-78**89**"，在属性栏中选择合适的字体并设置大小，效果如图 8-46 所示。选取符号"**"，在"字符"控制面板中，将"设置基线偏移" 选项设置为-15，其他选项的设置如图 8-47 所示；按 Enter 键确定操作，效果如图 8-48 所示。

图 8-46　　　　　　　　　图 8-47　　　　　　　　　图 8-48

（12）用相同的方法调整另一组符号的基线偏移，效果如图 8-49 所示。选择"横排文字"工具 $T_.$，在适当的位置输入需要的文字并选取文字，在属性栏中选择合适的字体并设置大小，设置文本颜色为浅金色（209、192、165），效果如图 8-50 所示，在"图层"控制面板中生成新的文字图层。

图 8-49 　　　　　　　　　　　　　　　图 8-50

（13）在"字符"控制面板中，将"设置所选字符的字距调整" 选项设置为 340，其他选项的设置如图 8-51 所示；按 Enter 键确定操作，效果如图 8-52 所示。

图 8-51 　　　　　　　　　　　　　图 8-52

（14）选择"矩形"工具 □，在属性栏的"选择工具模式"选项中选择"形状"，将"填充"颜色设为浅金色（209、192、165），"描边"颜色设为无，在图像窗口中绘制一个矩形，效果如图 8-53 所示，在"图层"控制面板中生成新的形状图层"矩形 1"。

（15）选择"横排文字"工具 $T_.$，在适当的位置输入需要的文字并选取文字，在属性栏中选择合适的字体并设置大小，设置文本颜色为黑色，效果如图 8-54 所示，在"图层"控制面板中生成新的文字图层。

图 8-53 　　　　　　　　　　　　　图 8-54

（16）在"字符"控制面板中，将"设置所选字符的字距调整" 选项设置为 340，其他选项的设置如图 8-55 所示；按 Enter 键确定操作，效果如图 8-56 所示。至此，牛肉面海报制作完成，效果如图 8-57 所示。

图 8-55   图 8-56   图 8-57

8.5　字符与段落的设置

可以应用"字符"和"段落"控制面板对文字与段落进行编辑和调整。下面将具体讲解设置字符与段落的方法。

8.5.1　字符控制面板

Photoshop CC 2019 在处理文字方面较之以前的版本有飞跃性的突破。其中，"字符"控制面板可以用来编辑文本字符。

选择"窗口 > 字符"命令，弹出"字符"控制面板，如图 8-58 所示。

"搜索和选择字体"选项 Adobe 黑体 Std ：选中字符或文字图层，单击选项右侧的按钮，在弹出的下拉菜单中选择需要的字体。

"设置字体样式"选项 - ：选中字符或文字图层，单击选项右侧的按钮，在弹出的下拉菜单中选择需要的字体样式。

"设置字体大小"选项 12点 ：选中字符或文字图层，在选项的数值框中输入数值，或单击选项右侧的按钮，在弹出的下拉菜单中选择需要的字体大小数值。

图 8-58

"设置行距"选项 (自动) ：选中需要调整行距的文字段落或文字图层，在选项的数值框中输入数值，或单击选项右侧的按钮，在弹出的下拉菜单中选择需要的行距数值，可以调整文本段落的行距，效果如图 8-59 所示。

数值为自动时的效果   数值为 40 时的效果   数值为 75 时的效果

图 8-59

"设置两个字符间的字距微调"选项 V/A 0 ：使用文字工具在两个字符间单击，插入光标，在选项的数值框中输入数值，或单击选项右侧的按钮，在弹出的下拉菜单中选择需要的字距数值。输入正值时，字符的间距会加大；输入负值时，字符的间距会缩小，效果如图 8-60 所示。

数值为 0 时的效果　　　　数值为 200 时的效果　　　　数值为-200 时的效果

图 8-60

"设置所选字符的字距调整"选项 V/A 0 ：选中需要调整字距的文字段落或文字图层，在选项的数值框中输入数值，或单击选项右侧的按钮，在弹出的下拉菜单中选择需要的字距数值，可以调整文本段落的字距。输入正值时，字距加大；输入负值时，字距缩小，效果如图 8-61 所示。

字距调整　　字 距 调 整　　字距调整

数值为 0 时的效果　　　　数值为 200 时的效果　　　　数值为-100 时的效果

图 8-61

"设置所选字符的比例间距"选项 0% ：选中字符或文字图层，在选项的数值框中选择百分比数值，可以对所选字符的比例间距进行细微的调整，效果如图 8-62 所示。

字符比例间距　　字符比例间距

数值为 0%时的效果　　　　　　数值为 100%时的效果

图 8-62

"垂直缩放"选项 T 100% ：选中字符或文字图层，在选项的数值框中输入数值，可以调整字符的长度，效果如图 8-63 所示。

数值为 100%时的效果　　　　数值为 130%时的效果　　　　数值为 180%时的效果

图 8-63

"水平缩放"选项 T 100% ：选中字符或文字图层，在选项的数值框中输入数值，可以调整字符的宽度，效果如图 8-64 所示。

数值为 100%时的效果　　　　　数值为 120%时的效果　　　　　数值为 180%时的效果

图 8-64

"设置基线偏移"选项 A↕ 0点 ：选中字符，在选项的数值框中输入数值，可以调整字符上下移动。输入正值时，横排的字符上移，直排的字符右移；输入负值时，横排的字符下移，直排的字符左移，效果如图 8-65 所示。

选中字符　　　　　　　　　数值为 10 时的效果　　　　　数值为-10 时的效果

图 8-65

"设置文本颜色"选项 ：选中字符或文字图层，在颜色框中单击，弹出"拾色器"对话框。在该对话框中设定需要的颜色后，单击"确定"按钮，可以改变文字的颜色。

"设定字符的形式"按钮 **T** *T* TT Tᵣ T¹ T₁ T̲ T̶：从左到右依次为"仿粗体"按钮 **T**、"仿斜体"按钮 *T*、"全部大写字母"按钮 TT、"小型大写字母"按钮 Tᵣ、"上标"按钮 T¹、"下标"按钮 T₁、"下划线"按钮 T̲ 和"删除线"按钮 T̶。选中字符或文字图层，单击需要的形式按钮，各个形式效果如图 8-66 所示。

文字正常效果　　　　　文字仿粗体效果　　　　　文字仿斜体效果　　　　　文字全部大写字母效果

文字小型大写字母效果　　　文字上标效果　　　　文字下标效果　　　文字下划线效果　　　文字删除线效果

图 8-66

"语言设置"选项 美国英语 ∨ ：单击选项右侧的按钮 ∨，在弹出的下拉菜单中选择需要的语言字典。选择字典主要用于拼写检查和连字的设定。

"设置消除锯齿的方法"选项 aₐ 锐利 ∨ ：可以选择无、锐利、犀利、浑厚和平滑 5 种消除锯齿的方式，效果如图 8-67 所示。

无　　　锐利　　　犀利　　　浑厚　　　平滑

图 8-67

此外，单击"字符"控制面板右上方的图标 ，将弹出"字符"控制面板的下拉命令菜单，如图 8-68 所示。

"更改文本方向"命令：用来改变文字方向。

"仿粗体"命令：用来设置文本字符为粗体形式。

"仿斜体"命令：用来设置文本字符为斜体形式。

"全部大写字母"命令：用来设置所有字母为大写形式。

"小型大写字母"命令：用来设置字母为小的大写字母形式。

"上标"命令：用来设置字符为上角标。

"下标"命令：用来设置字符为下角标。

"下划线"命令：用来设置字符的下划线。

"删除线"命令：用来设置字符的划线穿越字符。

"分数宽度"命令：用来设置字符的微小宽度。

"无间断"命令：用来设置字符为不间断。

"复位字符"命令：用于恢复"字符"控制面板的默认值。

图 8-68

8.5.2　课堂案例——制作爱宝课堂公众号封面首图

案例学习目标

学习使用文字工具、创建文字变形按钮制作出需要的多种文字效果。

案例知识要点

使用横排文字工具、创建文字变形按钮制作文字变形效果；使用斜面和浮雕命令、描边命令为文字添加特殊效果；最终效果如图 8-69 所示。

扫码观看　　扫码查看
本案例视频　　扩展案例

图 8-69

效果所在位置

云盘/Ch08/效果/制作爱宝课堂公众号封面首图.psd。

（1）按 Ctrl+O 组合键，打开云盘中的"Ch08 > 素材 > 制作爱宝课堂公众号封面首图 > 01"文件，如图 8-70 所示。

（2）选择"横排文字"工具 T，在适当的位置输入需要的文字并选取文字，在属性栏中选择合适的字体并设置大小，单击"居中对齐文本"按钮 ☰，设置文本颜色为黄色（255、229、2），效果如图 8-71 所示，在"图层"控制面板中生成新的文字图层。

图 8-70　　　　　　　　　图 8-71

（3）按 Ctrl+T 组合键，弹出"字符"控制面板，将"设置所选字符的字距调整" VA 0 选项设置为-25，其他选项的设置如图 8-72 所示；按 Enter 键确定操作，效果如图 8-73 所示。

（4）选择"横排文字"工具 T，分别选取文字"爱""宝""课"和"堂"，在属性栏中设置文字大小，效果如图 8-74 所示，单击属性栏中的"创建文字变形"按钮 ⼯，在弹出的对话框中进行设置，如图 8-75 所示；单击"确定"按钮，效果如图 8-76 所示。

图 8-72

图 8-73　　　　　　　　　图 8-74

图 8-75　　　　　　　　　图 8-76

（5）单击"图层"控制面板下方的"添加图层样式"按钮 <u>fx</u>，在弹出的菜单中选择"斜面和浮雕"命令，在弹出的对话框中进行设置，如图 8-77 所示。选择"描边"选项，切换到相应的对话框中，将描边颜色设为紫色（125、0、172），其他选项的设置如图 8-78 所示，单击"确定"按钮，效果如图 8-79 所示。

图 8-77 图 8-78

（6）选择"椭圆"工具 <u>○</u>，在属性栏的"选择工具模式"选项中选择"形状"，将"填充"颜色设为紫色（125、0、172），"描边"颜色设为无，在图像窗口中绘制一个椭圆，效果如图 8-80 所示，在"图层"控制面板中生成新的形状图层"椭圆 1"。

图 8-79 图 8-80

（7）在"图层"控制面板中，将"椭圆 1"形状图层拖曳到"爱宝课堂 开课了"文字图层的下方，如图 8-81 所示，图像效果如图 8-82 所示。

图 8-81 图 8-82

（8）按 Ctrl+O 组合键，打开云盘中的"Ch08 > 素材 > 制作爱宝课堂公众号封面首图 > 02"文件，选择"移动"工具 <u>↔</u>，将图片拖曳到图像窗口中适当的位置，效果如图 8-83 所示，在"图层"控制面板中生成新图层并将其命名为"装饰"。至此，爱宝课堂公众号封面首图制作完成。

图 8-83

8.5.3 段落控制面板

"段落"控制面板可以用来编辑文本段落。下面具体介绍"段落"控制面板的内容。

选择"窗口 > 段落"命令，弹出"段落"控制面板，如图 8-84 所示。

在"段落"控制面板中，▤▤▤选项用来调整文本段落中每行对齐的方式，▤表示左对齐文本，▤表示居中对齐文本，▤表示右对齐文本；▤▤▤选项用来调整段落的对齐方式，▤表示最后一行左对齐，▤表示最后一行居中对齐，▤表示最后一行右对齐；▤选项用来设置整个段落中的行两端对齐，表示全部对齐。

图 8-84

另外，通过输入数值还可以调整段落文字的左缩进▤、右缩进▤、首行缩进▤、段前添加空格▤和段后添加空格▤。

"避头尾法则设置"和"间距组合设置"选项可以用来设置段落的样式；"连字"选项为连字符选框，用来确定文字是否与连字符连接。

"左缩进"选项▤：用来设置段落左端的缩进量。

"右缩进"选项▤：用来设置段落右端的缩进量。

"首行缩进"选项▤：用来设置段落第一行的左端缩进量。

"段前添加空格"选项▤：用来设置当前段落与前一段落的距离。

"段后添加空格"选项▤：用来设置当前段落与后一段落的距离。

此外，单击"段落"控制面板右上方的图标▤，还可以弹出"段落"控制面板的下拉命令菜单，如图 8-85 所示。

"罗马式溢出标点"命令：为罗马悬挂标点。

"顶到顶行距"命令：用于设置段落行距为两行文字顶部之间的距离。

"底到底行距"命令：用于设置段落行距为两行文字底部之间的距离。

"对齐"命令：用于调整段落中文字的对齐。

"连字符连接"命令：用于设置连字符。

"单行书写器"命令：为单行编辑器。

"多行书写器"命令：为多行编辑器。

"复位段落"命令：用于恢复"段落"控制面板的默认值。

图 8-85

课后习题——制作休闲鞋详情页主图

习题知识要点

使用渐变叠加命令绘制背景；使用横排文字工具、创建文字变形按钮将文字变形；最终效果如图 8-86
所示。

扫码观看
本案例视频

图 8-86

效果所在位置

云盘/Ch08/效果/制作休闲鞋详情页主图.psd。

09

第 9 章
图形与路径

Photoshop CC 2019 的图形绘制功能非常强大。本章将详细讲解 Photoshop CC 2019 的绘图功能和应用技巧。读者通过学习本章，要能够根据设计制作任务的需要，绘制出精美的图形，并能为绘制的图形添加丰富的视觉效果。

课堂学习目标

✔ 掌握绘图工具的使用方法
✔ 掌握路径的绘制和选取方法
✔ 掌握路径的添加、删除和转换方法
✔ 了解创建 3D 图形和使用 3D 工具的方法

9.1　绘制图形

路径工具极大地加强了 Photoshop CC 2019 处理图像的能力，它可以用来绘制路径、剪切路径和填充区域。

9.1.1　矩形工具的使用

"矩形"工具可以用来绘制矩形或正方形。启用"矩形"工具 □，有以下几种方法。

➡ 单击工具箱中的"矩形"工具 □。

➡ 反复按 Shift+U 组合键。

启用"矩形"工具 □，属性栏将显示图 9-1 所示的状态。

图 9-1

形状 选项：用于选择创建路径形状、创建工作路径或填充区域。

填充 描边 1像素 选项：用于设置矩形的填充色、描边色、描边宽度和描边类型。

W: 0像素 GO H: 0像素 ：用于设置矩形的宽度和高度。

□ ▙ ＋⃟ 按钮：用于设置路径的组合方式、对齐方式和排列方式。

❖ 按钮：用于设定所绘制矩形的形状。

"对齐边缘"选项：用于设定边缘是否对齐。

打开一幅图像，如图 9-2 所示。在图像中绘制矩形，效果如图 9-3 所示，"图层"控制面板中的效果如图 9-4 所示。

图 9-2　　　　　　　图 9-3　　　　　　　图 9-4

9.1.2　圆角矩形工具的使用

"圆角矩形"工具可以用来绘制具有平滑边缘的矩形。启用"圆角矩形"工具 □，有以下几种方法。

➡ 单击工具箱中的"圆角矩形"工具 □。

➡ 反复按 Shift+U 组合键。

启用"圆角矩形"工具 □，属性栏将显示图 9-5 所示的状态。其属性栏中的选项内容与"矩形"

工具属性栏的选项内容类似，只增加了"半径"选项，用于设定圆角矩形的平滑程度，半径数值越大，圆角矩形越平滑。

图 9-5

打开一幅图像，如图 9-6 所示。将"半径"选项设为 40 像素，在图像中绘制圆角矩形，效果如图 9-7 所示，"图层"控制面板中的效果如图 9-8 所示。

图 9-6　　　　　　　图 9-7　　　　　　　图 9-8

9.1.3　椭圆工具的使用

"椭圆"工具可以用来绘制椭圆或正圆形。启用"椭圆"工具 ⊙ ，有以下几种方法。

➡ 单击工具箱中的"椭圆"工具 ⊙ 。

➡ 反复按 Shift+U 组合键。

启用"椭圆"工具 ⊙ ，属性栏将显示图 9-9 所示的状态。其属性栏中的选项内容与"矩形"工具属性栏的选项内容类似。

图 9-9

打开一幅图像，如图 9-10 所示。在图像上绘制椭圆形，效果如图 9-11 所示，"图层"控制面板中的效果如图 9-12 所示。

图 9-10　　　　　　　图 9-11　　　　　　　图 9-12

9.1.4　多边形工具的使用

"多边形"工具可以用来绘制多边形或正多边形。启用"多边形"工具 ⊙ ，有以下几种方法。

➡ 单击工具箱中的"多边形"工具 ◎。

➡ 反复按 Shift+U 组合键。

启用"多边形"工具 ◎，属性栏将显示图 9-13 所示的状态。其属性栏中的选项内容与"矩形"工具属性栏的选项内容类似，只增加了"边"选项，用于设定多边形的边数。

图 9-13

打开一幅图像，如图 9-14 所示。单击属性栏中的按钮 ❖，在弹出的面板中进行设置，如图 9-15 所示。在图像中绘制多边形，效果如图 9-16 所示。"图层"控制面板中的效果如图 9-17 所示。

图 9-14　　　　图 9-15　　　　图 9-16　　　　图 9-17

9.1.5 直线工具的使用

"直线"工具可以用来绘制直线或带有箭头的线段。启用"直线"工具 ╱，有以下几种方法。

➡ 单击工具箱中的"直线"工具 ╱。

➡ 反复按 Shift+U 组合键。

启用"直线"工具 ╱，属性栏将显示图 9-18 所示的状态。其属性栏中的选项内容与"矩形"工具属性栏的选项内容类似，只增加了"粗细"选项，用于设定直线的宽度。

图 9-18

单击属性栏中的按钮 ❖，弹出"箭头"面板，如图 9-19 所示。

在"箭头"面板中，"起点"选项用于选择箭头位于线段的始端；"终点"选项用于选择箭头位于线段的末端；"宽度"选项用于设定箭头宽度和线段宽度的比值；"长度"选项用于设定箭头长度和线段长度的比值；"凹度"选项用于设定箭头凹凸的形状。

打开一幅图像，如图 9-20 所示。在图像中绘制不同效果的直线，如图 9-21 所示。"图层"控制面板中的效果如图 9-22 所示。

技巧

按住 Shift 键的同时，应用"直线"工具绘制图形时，可以绘制水平或垂直的直线。

图 9-19

图 9-20

图 9-21

图 9-22

9.1.6　自定形状工具的使用

"自定形状"工具可以绘制一些自定义的图形。启用"自定形状"工具 ，有以下几种方法。

➡ 单击工具箱中的"自定形状"工具 。

➡ 反复按 Shift+U 组合键。

启用"自定形状"工具 ，属性栏将显示图 9-23 所示的状态。其属性栏中的选项内容与"矩形"工具属性栏的选项内容类似，只增加了"形状"选项，用于选择所需的形状。

图 9-23

单击"形状"选项右侧的按钮 ，弹出图 9-24 所示的形状面板，面板中存储了可供选择的各种不规则形状。

打开一幅图像，如图 9-25 所示。在图像中绘制形状图形，效果如图 9-26 所示。"图层"控制面板中的效果如图 9-27 所示。

图 9-24　　　　　图 9-25　　　　　图 9-26　　　　　图 9-27

可以应用"定义自定形状"命令来制作并定义形状。使用"钢笔"工具 在图像窗口中绘制路径并填充路径，效果如图 9-28 所示。选择"编辑 > 定义自定形状"命令，弹出"形状名称"对话框，在"名称"选项的文本框中输入自定形状的名称，如图 9-29 所示。单击"确定"按钮，在"形状"选项的面板中将会显示刚才定义的形状，如图 9-30 所示。

图9-28　　　　　　　　　　　图9-29　　　　　　　　　　　图9-30

9.1.7　课堂案例——制作家电类 App 引导页插画

 案例学习目标

学习使用图形绘制工具绘制出需要的图形效果。

 案例知识要点

使用圆角矩形工具、矩形工具、椭圆工具和直线工具绘制洗衣机；使用移动工具添加洗衣筐和洗衣液；最终效果如图 9-31 所示。

扫码观看　　扫码查看
本案例视频　扩展案例

图9-31

 效果所在位置

云盘/Ch09/效果/制作家电类 App 引导页插画.psd。

（1）按 Ctrl+N 组合键，弹出"新建文档"对话框，设置宽度为 600 像素，高度为 600 像素，分辨率为 72 像素/英寸，颜色模式为 RGB，背景内容为白色，单击"创建"按钮，新建一个文件。

（2）单击"图层"控制面板下方的"创建新组"按钮 ▢，生成新的图层组并将其命名为"洗衣机"。选择"圆角矩形"工具 ▢，在属性栏的"选择工具模式"选项中选择"形状"，将"填充"颜色设为白色，"描边"颜色设为海蓝色（53、65、78），"描边宽度"选项设为 8 像素，"半径"选项设为 10 像素，在图像窗口中绘制一个圆角矩形，效果如图 9-32 所示，在"图层"控制面板中生成新的形状图层"圆角矩形 1"。

（3）再次绘制一个圆角矩形，在属性栏中将"填充"颜色设为海蓝色（53、65、78），"描边"颜色设为无，效果如图 9-33 所示，在"图层"控制面板中生成新的形状图层"圆角矩形 2"。

图 9-32   图 9-33

（4）在"图层"控制面板中，将"圆角矩形 2"图层拖曳到"圆角矩形 1"图层的下方，如图 9-34 所示，图像效果如图 9-35 所示。

图 9-34   图 9-35

（5）选择"矩形"工具 ▢，在图像窗口中绘制一个矩形，在属性栏中将"填充"颜色设为白色，"描边"颜色设为海蓝色（53、65、78），"描边宽度"选项设为 4 像素，效果如图 9-36 所示，在"图层"控制面板中生成新的形状图层"矩形 1"。

（6）选择"椭圆"工具 ◯，按住 Shift 键的同时，在图像窗口中绘制一个圆形，在属性栏中将"描边宽度"选项设为 6 像素，效果如图 9-37 所示，在"图层"控制面板中生成新的形状图层"椭圆 1"。

图 9-36   图 9-37

（7）选择"圆角矩形"工具 ▢，在图像窗口中绘制一个圆角矩形，在属性栏中将"描边宽度"选项设为 4 像素，效果如图 9-38 所示，在"图层"控制面板中生成新的形状图层"圆角矩形 3"。

（8）选择"直线"工具 ⁄，在属性栏中将"粗细"选项设为 2 像素，按住 Shift 键的同时，在图像窗口中绘制一条直线，效果如图 9-39 所示，在"图层"控制面板中生成新的形状图层"形状 1"。

（9）选择"路径选择"工具 ▶，按住 Alt+Shift 组合键的同时，垂直向下拖曳直线到适当的位置，复制直线，效果如图 9-40 所示。

（10）选择"椭圆"工具 ◯，按住 Shift 键的同时，在图像窗口中绘制一个圆形，在属性栏中将"描边宽度"选项设为 6 像素，效果如图 9-41 所示，在"图层"控制面板中生成新的形状图层"椭圆 2"。

图 9-38　　　　　　　　　　　　图 9-39　　　　　　　　　　　　图 9-40

（11）按 Ctrl+J 组合键，复制"椭圆 2"图层，生成新的图层"椭圆 2 拷贝"。按 Ctrl+T 组合键，在圆形周围出现变换框，单击属性栏中的"保持长宽比"按钮 ，向内拖曳右上角的控制手柄，等比例缩小圆形，如图 9-42 所示，按 Enter 键确定操作，效果如图 9-43 所示。

图 9-41　　　　　　　　　　　　图 9-42　　　　　　　　　　　　图 9-43

（12）在属性栏中将"填充"颜色设为蓝色（61、91、117），"描边宽度"选项设为 4 像素，效果如图 9-44 所示。用相同的方法复制其他圆形，并填充相应的颜色，效果如图 9-45 所示。

图 9-44　　　　　　　　图 9-45

（13）选择"矩形"工具 ，在图像窗口中绘制一个矩形，在属性栏中将"填充"颜色设为海蓝色（53、65、78），"描边"颜色设为无，效果如图 9-46 所示，在"图层"控制面板中生成新的形状图层"矩形 2"。

（14）选择"移动"工具 ，按住 Alt+Shift 组合键的同时，拖曳矩形到适当的位置，复制矩形，效果如图 9-47 所示。单击"洗衣机"图层组左侧的三角形图标 ，将"洗衣机"图层组中的图层隐藏。

图 9-46　　　　　　　　　图 9-47

（15）按 Ctrl+O 组合键，打开云盘中的"Ch08 > 素材 > 制作家电类 App 引导页插画 > 01、02"文件，选择"移动"工具 ⊕，分别将图片拖曳到图像窗口中适当的位置，效果如图 9-48 所示，在"图层"控制面板中分别生成新图层并将其命名为"洗衣筐""洗衣液"，如图 9-49 所示。至此，家电类 App 引导页插画制作完成。

图 9-48　　　　　　　　　图 9-49

9.2　绘制和选取路径

路径对于 Photoshop CC 2019 高手来说确实是一个非常得力的助手。使用路径可以进行复杂图像的选取，还可以存储选取区域以备再次使用，更可以用来绘制线条平滑的优美图形。

9.2.1　了解路径的含义

路径及路径的有关概念，如图 9-50 所示。

锚点：由钢笔工具创建，是一个路径中两条线段的交点。路径是由锚点组成的。

直线点：按住 Alt 键，单击刚建立的锚点，可以将锚点转换为带有一个独立调节手柄的直线锚点。直线锚点是一条直线段与一条曲线段的连接点。

图 9-50

曲线点：曲线锚点是带有两个独立调节手柄的锚点，是两条曲线段之间的连接点。调节手柄可以改变曲线的弧度。

直线段：用钢笔工具在图像中单击两个不同的位置，将在两点之间创建一条直线段。

曲线段：拖曳曲线锚点可以创建一条曲线段。

端点：路径的结束点就是路径的端点。

9.2.2　钢笔工具的使用

"钢笔"工具用于在 Photoshop CC 2019 中绘制路径。下面，具体讲解"钢笔"工具的使用方法和操作技巧。

启用"钢笔"工具 ⬗，有以下几种方法。

➡ 单击工具箱中的"钢笔"工具 ⬗。

➡ 反复按 Shift+P 组合键。

下面介绍与钢笔工具相配合的功能键。

按住 Shift 键，创建锚点时，会强迫系统以 45 度角或 45 度角的倍数绘制路径。

按住 Alt 键，当鼠标指针移到锚点上时，指针暂时由"钢笔"工具 ⬗ 转换成"转换点"工具 ⬝。

按住 Ctrl 键，鼠标指针暂时由"钢笔"工具 ⬗ 转换成"直接选择"工具 ▸。

绘制直线段：建立一个新的图像文件，选择"钢笔"工具 ⬗，在钢笔工具的属性栏中"选择工具模式"选项中选择"路径"，这样使用"钢笔"工具 ⬗ 绘制的将是路径。如果选中"形状"，将绘制出形状图层。勾选"自动添加/删除"复选框，钢笔工具的属性栏如图 9-51 所示。

图 9-51

在图像中任意位置单击鼠标左键，将创建出第 1 个锚点。将鼠标指针移动到其他位置再单击鼠标左键，则创建第 2 个锚点。两个锚点之间自动以直线连接，效果如图 9-52 所示。再将鼠标指针移动到其他位置单击鼠标左键，出现了第 3 个锚点，系统将在第 2 个和第 3 个锚点之间生成一条新的直线路径，效果如图 9-53 所示。

将鼠标指针移至第 2 个锚点上，会发现指针现在由"钢笔"工具图标 ⬝ 转换成了"删除锚点"工具图标 ⬝_。在第 2 个锚点上单击一下，即可将第 2 个锚点删除，效果如图 9-54 所示。

图 9-52   图 9-53   图 9-54

绘制曲线：选择"钢笔"工具 ⬗，单击建立新的锚点并按住鼠标左键，拖曳鼠标，建立曲线段和曲线锚点，效果如图 9-55 所示。松开鼠标左键，按住 Alt 键，单击刚建立的曲线锚点，如图 9-56 所示，将其转换为直线锚点，在其他位置再次单击建立下一个新的锚点，可在曲线段后绘制出直线段，效果如图 9-57 所示。

图 9-55   图 9-56   图 9-57

9.2.3 自由钢笔工具的使用

"自由钢笔"工具用于在 Photoshop CC 2019 中绘制不规则路径。下面，将具体讲解"自由钢笔"工具的使用方法和操作技巧。

启用"自由钢笔"工具 ，有以下几种方法。

➜ 单击工具箱中的"自由钢笔"工具 。

➜ 反复按 Shift+P 组合键。

打开一幅图像，如图 9-58 所示。启用"自由钢笔"工具 ，对自由钢笔工具的属性栏进行设定，如图 9-59 所示，勾选"磁性的"复选框，启用磁性钢笔选项。

图 9-58　　　　　　　　　　　　　　　　　　　　图 9-59

在图像的左上方单击鼠标确定最初的锚点，然后沿图像小心地拖曳鼠标并单击，确定其他的锚点，如图 9-60 所示。可以看到在选择中误差比较大，但只需要使用其他几个路径工具对路径进行一番修改和调整，就可以补救过来，最后的效果如图 9-61 所示。

图 9-60　　　　　　　　　　　　　　　图 9-61

9.2.4 添加锚点工具的使用

"添加锚点"工具 用于在路径上添加新的锚点。下面，将具体讲解"添加锚点"工具 的使用方法和操作技巧。

将"添加锚点"工具 移动到建立好的路径上，若当前该处没有锚点，则鼠标指针转换成"添加锚点"工具图标 ，在路径上单击可以添加一个锚点，效果如图 9-62 所示。

将"添加锚点"工具 移动到建立好的路径上，若当前该处没有锚点，则鼠标指针转换成"添加锚点"工具图标 ，单击并按住鼠标左键，向下拖曳鼠标，建立曲线段和曲线锚点，效果如图 9-63 所示。

图9-62   图9-63

也可以选择工具箱中的"钢笔"工具 ⌀ 来完成锚点的添加。

9.2.5　删除锚点工具的使用

"删除锚点"工具 ⌀ 用于删除路径上已经存在的锚点。下面，将具体讲解"删除锚点"工具 ⌀ 的使用方法和操作技巧。

将"删除锚点"工具 ⌀ 放到直线路径的锚点上，则鼠标指针转换成"删除锚点"工具图标 ⌀₋，单击锚点将其删除，效果如图9-64所示。

将"删除锚点"工具 ⌀ 放到曲线路径的锚点上，则鼠标指针转换成"删除锚点"工具图标 ⌀₋，单击锚点将其删除，效果如图9-65所示。

图9-64   图9-65

也可以选择工具箱中的"钢笔"工具 ⌀ 来完成锚点的删除。

9.2.6　转换点工具的使用

使用"转换点"工具 ⌐，通过鼠标单击或拖曳锚点可将其转换成直线锚点或曲线锚点，拖曳锚点上的调节手柄可以改变线段的弧度。

下面介绍与"转换点"工具 ⌐ 相配合的功能键。

按住Shift键，拖曳其中一个锚点，会强迫手柄以45度角或45度角的倍数进行改变。

按住Alt键，拖曳手柄，可以任意改变两个调节手柄中的一个，而不影响另一个手柄的位置。

按住Alt键，拖曳路径中的线段，会先复制已经存在的路径，再把复制后的路径拖曳到预定的位置。

下面，将运用路径工具创建一个扑克牌中的红桃图形。

建立一个新文件，选择"钢笔"工具 ，用鼠标在页面中单击绘制出多边形路径，当要闭合路径时鼠标指针变为图标 ，如图 9-66 所示。单击即可闭合路径。这时，完成了一个多边形的图案，如图 9-67 所示。

图 9-66   图 9-67

选择"转换点"工具 ，首先来改变左上角的锚点，将鼠标指针放置在左上角锚点上，如图 9-68 所示，单击锚点并将其向右上方拖曳形成曲线锚点，路径的效果如图 9-69 所示。使用同样的方法将右边的锚点变为曲线锚点，路径的效果如图 9-70 所示。

图 9-68   图 9-69   图 9-70

9.2.7 路径选择工具的使用

"路径选择"工具用于选择一个或几个路径并对其进行移动、组合、对齐、分布和变形。启用"路径选择"工具 ，有以下几种方法。

➡ 单击工具箱中的"路径选择"工具 。

➡ 反复按 Shift+A 组合键。

启用"路径选择"工具 ，属性栏将显示图 9-71 所示的状态。"选择"选项用于设置所选路径所在的图层。勾选"约束路径移动"复选框，可以只移动两个锚点中的路径，其他路径不受影响。

图 9-71

9.2.8 直接选择工具的使用

"直接选择"工具用于移动路径中的锚点或线段，还可以调整手柄和控制点。启用"直接选择"工具 ，有以下几种方法。

➡ 单击工具箱中的"直接选择"工具 。

➡ 反复按 Shift+A 组合键。

启用"直接选择"工具 ▸，拖曳路径中的锚点来改变路径的弧度，如图 9-72 所示。

图 9-72

9.3 路径控制面板

"路径"控制面板用于对路径进行编辑和管理。下面将具体讲解"路径"控制面板的使用方法和操作技巧。

9.3.1 认识路径控制面板

在新文件中绘制一条路径，选择"窗口 > 路径"命令，弹出"路径"控制面板，如图 9-73 所示。

1. 系统按钮

在"路径"控制面板上方的两个系统按钮分别是"折叠为图标"按钮 ◂◂ 和"关闭"按钮 ✖。单击"折叠为图标"按钮 ◂◂ 可以显示和隐藏"路径"控制面板，单击"关闭"按钮 ✖ 可以关闭"路径"控制面板。

2. 路径放置区

路径放置区用于放置所有的路径。

3. "路径"控制面板菜单

单击"路径"控制面板右上方的图标 ☰，弹出其下拉命令菜单，如图 9-74 所示。

图 9-73

图 9-74

4. 工具按钮

在"路径"控制面板的底部有 7 个工具按钮，如图 9-75 所示。

图 9-75

这 7 个工具按钮从左到右依次为"用前景色填充路径"按钮 ●、"用画笔描边路径"按钮 ○、"将路径作为选区载入"按钮 ○、"从选区生成工作路径"按钮 ◇、"添加图层蒙版"按钮 ■、"创建新路径"按钮 ▣ 和"删除当前路径"按钮 🗑 。

（1）"用前景色填充路径"按钮 ● 。单击此工具按钮，会对当前选中路径进行填充，填充的对象包括当前路径的所有子路径以及不连续的路径线段；如果选定了路径中的一部分，"路径"控制面板的弹出菜单中的"填充路径"命令将变为"填充子路径"命令；如果被填充的路径为开放路径，Photoshop CC 2019 将自动把两个端点以直线段方式连接然后进行填充；如果只有一条开放的路径，则不能进行填充。

（2）"用画笔描边路径"按钮 ○ 。单击此按钮，系统将使用当前的颜色和当前在"描边路径"对话框中设定的工具对路径进行勾画。

（3）"将路径作为选区载入"按钮 ○ 。该按钮用于把当前路径所圈选的范围转换成为选择区域，单击此工具按钮，即可进行转换。按住 Alt 键，再单击此工具按钮，或选择弹出式菜单中的"建立选区"命令，系统会弹出"建立选区"对话框。

（4）"从选区生成工作路径"按钮 ◇ 。该按钮用于把当前的选择区域转换成路径，单击此工具按钮，即可进行转换。按住 Alt 键，再单击此工具按钮，或选择弹出式菜单中的"建立工作路径"命令，系统会弹出"建立工作路径"对话框。

（5）"添加图层蒙版"按钮 ■ 。该按钮用于为当前图层添加蒙版。

（6）"创建新路径"按钮 ▣ 。该按钮用于创建一个新的路径，单击此工具按钮，可以创建一个新的路径。按住 Alt 键，再单击此工具按钮，或选择弹出式菜单中的"新建路径"命令，系统会弹出"新建路径"对话框。

（7）"删除当前路径"按钮 🗑 。该按钮用于删除当前路径，直接拖曳"路径"控制面板中的一个路径到此工具按钮上，便可将整个路径全部删除。此工具按钮与弹出式菜单中的"删除路径"命令的作用相同。

9.3.2 新建路径

在操作的过程中，可以根据需要建立新的路径。新建路径，有以下几种方法。

使用"路径"控制面板弹出式菜单。单击"路径"控制面板右上方的图标 ▤，在弹出式菜单中选择"新建路径"命令，弹出"新建路径"对话框，如图 9-76 所示。"名称"选项用于设定新路径的名称，单击"确定"按钮，"路径"控制面板如图 9-77 所示。

图 9-76

图 9-77

　　使用"路径"控制面板按钮或快捷键。单击"路径"控制面板中的"创建新路径"按钮 ▣ ，可创建一个新路径。按住 Alt 键，单击"路径"控制面板中的"创建新路径"按钮 ▣ ，弹出"新建路径"对话框。

9.3.3　保存路径

　　"保存路径"命令用于保存已经建立并编辑好的路径。

　　建立新图像，用"钢笔"工具 ⌀ 直接在图像上绘制出路径后，在"路径"控制面板中会产生一个临时的工作路径，如图 9-78 所示。单击"路径"控制面板右上方的图标 ☰ ，在弹出式菜单中选择"存储路径"命令，弹出"存储路径"对话框，"名称"选项用于设定保存路径的名称，单击"确定"按钮，"路径"控制面板如图 9-79 所示。

图 9-78　　　　　　　　　　　　　　　　　　　　图 9-79

9.3.4　复制、删除、重命名路径

　　可以对路径进行复制、删除和重命名。

1．复制路径

　　复制路径，有以下几种方法。

　　➡ 使用"路径"控制面板弹出式菜单。单击"路径"控制面板右上方的图标 ☰ ，在弹出式菜单中选择"复制路径"命令，弹出"复制路径"对话框，如图 9-80 所示。"名称"选项用于设定复制路径的名称，单击"确定"按钮，"路径"控制面板如图 9-81 所示。

图 9-80　　　　　　　　　　　　　　　　图 9-81

　　➡ 使用"路径"控制面板按钮。将"路径"控制面板中需要复制的路径拖放到下面的"创建新路径"按钮 ▣ 上，就可以将所选的路径复制为一个新路径。

2．删除路径

　　删除路径，有以下几种方法。

　　➡ 使用"路径"控制面板弹出式菜单。单击"路径"控制面板右上方的图标 ☰ ，在弹出式菜单

中选择"删除路径"命令，将路径删除。

➡ 使用"路径"控制面板按钮。选择需要删除的路径，单击"路径"控制面板中的"删除当前路径"按钮 🗑，将选择的路径删除，或将需要删除的路径拖放到"删除当前路径"按钮 🗑 上，将路径删除。

3. 重命名路径

双击"路径"控制面板中的路径名，出现重命名路径文本框，改名后按 Enter 键即可，效果如图 9-82 所示。

图 9-82

9.3.5 选区和路径的转换

在"路径"控制面板中，可以将选区和路径相互转换。下面，将具体讲解选区和路径相互转换的方法和技巧。

1. 将选区转换成路径

将选区转换成路径，有以下几种方法。

➡ 使用"路径"控制面板弹出式菜单。建立选区，效果如图 9-83 所示。单击"路径"控制面板右上方的图标 ☰，在弹出式菜单中选择"建立工作路径"命令，弹出"建立工作路径"对话框，如图 9-84 所示。在对话框中，"容差"选项用于设定转换时的误差允许范围，数值越小越精确，路径上的关键点也越多。如果要编辑生成的路径，在此处设定的数值最好为 2，设置完成后，单击"确定"按钮，便将选区转换成路径了，效果如图 9-85 所示。

图 9-83   图 9-84   图 9-85

➡ 使用"路径"控制面板按钮。单击"路径"控制面板中的"从选区生成工作路径"按钮 ◇，将选区转换成路径。

2. 将路径转换成选区

将路径转换成选区，有以下几种方法。

➡ 使用"路径"控制面板弹出式菜单。建立路径，如图 9-86 所示。单击"路径"控制面板右上方的图标▤，在弹出式菜单中选择"建立选区"命令，弹出"建立选区"对话框，如图9-87所示。

在"渲染"选项组中，"羽化半径"选项用于设定羽化边缘的数值；"消除锯齿"选项用于消除边缘的锯齿。在"操作"选项组中，"新建选区"选项用于由路径创建一个新的选区；"添加到选区"选项用于将由路径创建的选区添加到当前选区中；"从选区中减去"选项用于从一个已有的选区中减去当前由路径创建的选区；"与选区交叉"选项用于在路径中保留路径与选区的重复部分。

设置完成后，单击"确定"按钮，将路径转换成选区，效果如图9-88所示。

图9-86 　　　　　　　　　　图9-87 　　　　　　　　　　图9-88

➡ 使用"路径"控制面板按钮。单击"路径"控制面板中的"将路径作为选区载入"按钮 ⊙，将路径转换成选区。

9.3.6 用前景色填充路径

用前景色填充路径，有以下几种方法。

➡ 使用"路径"控制面板弹出式菜单。建立路径，如图9-89所示。单击"路径"控制面板右上方的图标▤，在弹出式菜单中选择"填充路径"命令，弹出"填充路径"对话框，如图9-90所示。

在对话框中，"内容"选项组用于设定使用的填充颜色或图案；"模式"选项用于设定混合模式；"不透明度"选项用于设定填充的不透明度；"保留透明区域"选项用于保护图像中的透明区域；"羽化半径"选项用于设定柔化边缘的数值；"消除锯齿"选项用于清除边缘的锯齿。

设置完成后，单击"确定"按钮，用前景色填充路径的效果如图9-91所示。

图9-89 　　　　　　　　　　图9-90 　　　　　　　　　　图9-91

➡ 使用"路径"控制面板按钮或快捷键。单击"路径"控制面板中的"用前景色填充路径"按钮 ●，即可实现用前景色填充路径。按住Alt键，单击"路径"控制面板中的"用前景色填充路径"按钮 ●，弹出"填充路径"对话框。

9.3.7 用画笔描边路径

用画笔描边路径，有以下几种方法。

➡ 使用"路径"控制面板弹出式菜单。建立路径，如图 9-92 所示。单击"路径"控制面板右上方的图标▤，在弹出式菜单中选择"描边路径"命令，弹出"描边路径"对话框，如图 9-93 所示。在"工具"选项的下拉列表中选择"画笔"选项。如果在当前工具箱中已经选择了"画笔"工具 ✐，则该工具会自动地设置在此处。另外，在"画笔"工具属性栏中设定的画笔类型也会直接影响此处的描边效果，对画笔属性栏如图 9-94 所示进行设定。设置好后，单击"确定"按钮，用画笔描边路径的效果如图 9-95 所示。

图 9-92　　　　　　　图 9-93　　　　　　　图 9-95

图 9-94

> **提示**
>
> 如果在对路径进行描边时没有取消对路径的选定，则描边路径改为描边子路径，即只对选中的子路径进行描边。

➡ 使用"路径"控制面板按钮或快捷键。单击"路径"控制面板中的"用画笔描边路径"按钮 ○，即可实现用画笔描边路径。按住 Alt 键，单击"路径"控制面板中的"用画笔描边路径"按钮 ○，弹出"描边路径"对话框。

9.3.8 课堂案例——制作艺人舞者公众号封面首图

📝 **案例学习目标**

学习使用描边路径命令制作路径特效。

📝 **案例知识要点**

使用钢笔工具、画笔工具和描边路径命令制作路径的特效；使用橡皮擦工具擦除多余的图像；最终效果如图 9-96 所示。

扫码观看　　扫码查看
本案例视频　扩展案例

图 9-96

效果所在位置

云盘/Ch09/效果/制作艺人舞者公众号封面首图.psd。

（1）按 Ctrl+N 组合键，弹出"新建文档"对话框，设置宽度为 1 175 像素，高度为 500 像素，分辨率为 72 像素/英寸，颜色模式为 RGB，背景内容为白色，单击"创建"按钮，新建一个文件。

（2）按 Ctrl+O 组合键，打开云盘中的"Ch09 > 素材 > 制作艺人舞者公众号封面首图 > 01"文件，选择"移动"工具 ⊕，将图片拖曳到新建图像窗口中适当的位置，效果如图 9-97 所示，在"图层"控制面板中生成新图层并将其命名为"图片"。

（3）新建图层并将其命名为"特效"。选择"钢笔"工具 ⌀，在属性栏的"选择工具模式"选项中选择"路径"，在图像窗口中绘制需要的路径，效果如图 9-98 所示。

图 9-97　　　　　　　　　　　　　　　　　　　图 9-98

（4）选择"画笔"工具 ✎，在属性栏中单击"画笔预设"选项右侧的按钮 ⌄，弹出画笔选择面板，单击面板右上方的按钮 ⚙，在弹出的菜单中选择"旧版画笔"选项，弹出提示对话框，单击"确定"按钮。在画笔选择面板中选择需要的画笔形状，如图 9-99 所示。

（5）选择"路径选择"工具 ▸，选择路径。在路径上单击鼠标右键，在弹出的菜单中选择"描边路径"命令，弹出"描边路径"对话框，设置如图 9-100 所示，单击"确定"按钮。按 Enter 键，隐藏路径，效果如图 9-101 所示。

（6）单击"图层"控制面板下方的"添加图层样式"按钮 fx，在弹出的菜单中选择"外发光"命令，弹出对话框，将发光颜色设为红色（252、5、22），其他选项的设置如图 9-102 所示，单击"确定"按钮，效果如图 9-103 所示。使用相同方法制作其他特效，效果如图 9-104 所示。

（7）在"图层"控制面板中，按住 Ctrl 键的同时，选择"特效""特效 拷贝""特效 拷贝 2"图层，如图 9-105 所示。按 Ctrl+E 组合键，合并图层并将其命名为"特效"，如图 9-106 所示。

| 图 9-99 | 图 9-100 | 图 9-101 |

图 9-102

| 图 9-103 | 图 9-104 |

（8）选择"橡皮擦"工具 ，在属性栏中单击"画笔预设"选项右侧的按钮 ，弹出画笔选择面板，选择需要的画笔形状，如图 9-107 所示。在图像中的特效处进行涂抹，擦除不需要的图像，效果如图 9-108 所示。

| 图 9-105 | 图 9-106 | 图 9-107 |

（9）将前景色设为白色。选择"横排文字"工具 T ，在适当的位置输入需要的文字并选取文字，在属性栏中选择合适的字体并设置大小，效果如图 9-109 所示，在"图层"控制面板中生成新的文字图层。

图 9-108

图 9-109

（10）单击"图层"控制面板下方的"添加图层样式"按钮 *fx* ，在弹出的菜单中选择"投影"命令，在弹出的对话框中进行设置，如图 9-110 所示；单击"确定"按钮，效果如图 9-111 所示。至此，艺人舞者公众号封面首图制作完成。

图 9-110

图 9-111

9.3.9　剪贴路径

"剪贴路径"命令用于指定一个路径作为剪贴路径。

当在一个图像中定义了一个剪贴路径，并将这个图像在其他软件中打开时，如果该软件同样支持剪贴路径，则路径以外的图像将是透明的。单击"路径"控制面板右上方的图标 ，在弹出式菜单中选择"剪贴路径"命令，弹出"剪贴路径"对话框，如图 9-112 所示。

在对话框中，"路径"选项用于设定剪切路径的路径名称；"展平度"选项用于压平或简化可能因过于复杂而无法打印的路径。

图 9-112

9.3.10　路径面板选项

"面板选项"命令用于设定"路径"控制面板中缩览图的大小。

单击"路径"控制面板右上方的图标 ，在弹出式菜单中选择"面板选项"命令，弹出"路径面板选项"对话框，调整后的效果如图 9-113 所示。

图 9-113

9.4　创建 3D 图形

在 Photoshop CC 2019 中可以将平面图层围绕各种形状进行预设，如将平面图层围绕立方体、球体、圆柱体、锥形或金字塔形等创建 3D 模型。只有将平面图层变为 3D 图层，才能使用 3D 工具和命令。

打开一幅图片，如图 9-114 所示。选择"3D > 从图层新建网格 > 网格预设"命令，弹出图 9-115 所示的子菜单，选择需要的命令可创建不同的 3D 模型。

图 9-114

锥形
立体环绕
立方体
圆柱体
圆环
帽子
金字塔
环形
汽水
球体
酒瓶

图 9-115

选择各命令创建出的 3D 模型如图 9-116 所示。

锥形　　　　立体环绕　　　　立方体　　　　圆柱体

圆环　　　　帽子　　　　金字塔

图 9-116

环形 汽水 球体 酒瓶

图 9-116（续）

9.5 使用 3D 工具

在 Photoshop CC 2019 中使用 3D 对象工具可更改 3D 模型的位置或大小，使用 3D 相机工具可更改场景视图。下面，将具体介绍这两种工具的使用方法。

使用 3D 对象工具可以旋转、缩放或调整模型位置。当操作 3D 模型时，相机视图保持固定。

打开一张包含 3D 模型的图片，如图 9-117 所示。选中 3D 图层，选择"环绕移动 3D 相机"工具 ，图像窗口中的鼠标指针变为 图标，上下拖动可将模型围绕其 x 轴旋转，如图 9-118 所示；两侧拖动可将模型围绕其 y 轴旋转，效果如图 9-119 所示。按住 Alt 键的同时进行拖移可滚动模型。

图 9-117 图 9-118 图 9-119

选择"滚动 3D 相机"工具 ，图像窗口中的鼠标指针变为 图标，两侧拖曳可使模型绕 z 轴旋转，效果如图 9-120 所示。

选择"平移 3D 相机"工具 ，图像窗口中的鼠标指针变为 图标，两侧拖曳可沿水平方向移动模型，如图 9-121 所示；上下拖曳可沿垂直方向移动模型，如图 9-122 所示。按住 Alt 键的同时进行拖移可沿 x /z 轴方向移动。

图 9-120 图 9-121 图 9-122

选择"滑动 3D 相机"工具 ，图像窗口中的鼠标指针变为 图标，两侧拖曳可沿水平方向移动模型，如图 9-123 所示；上下拖动可将模型移近或移远，如图 9-124 所示。按住 Alt 键的同时进行拖移可沿 x /y 轴方向移动。

选择"变焦 3D 相机"工具■◀，图像窗口中的鼠标指针变为⁅↕⁆图标，上下拖曳可将模型放大或缩小，如图 9-125 所示。按住 Alt 键的同时进行拖移可沿 z 轴方向缩放。

图 9-123

图 9-124

图 9-125

课后习题——制作环保类公众号首页次图

🔗 习题知识要点

使用描边路径命令为路径描边；使用动感模糊命令制作描边的模糊效果；使用混合模式命令制作发光线效果；最终效果如图 9-126 所示。

图 9-126

扫码观看
本案例视频

◉ 效果所在位置

云盘/Ch09/效果/制作环保类公众号首页次图.psd。

10

第 10 章
通道的应用

一个 Photoshop CC 2019 的专业人士，必定是一个应用通道的高手。本章将详细讲解通道的概念和操作方法。读者通过学习本章要能够合理地利用通道设计制作作品，使自己的设计作品更上一层楼。

课堂学习目标

- ✔ 了解通道的含义
- ✔ 掌握通道控制面板的操作方法
- ✔ 掌握通道的操作
- ✔ 掌握通道的运算和蒙版的应用

10.1 通道的含义

Photoshop CC 2019 中的"通道"控制面板中显示的颜色通道与所打开的图像文件有关。RGB 格式的文件包含红、绿和蓝 3 个颜色通道，如图 10-1 所示；而 CMYK 格式的文件则包含青色、洋红、黄色和黑色 4 个颜色通道，如图 10-2 所示。此外，在进行图像编辑时，新创建的通道称为 Alpha 通道。通道存储的是选区，而不是图像的色彩。利用 Alpha 通道，可以做出许多独特的效果。

图 10-1

图 10-2

如果想在图像窗口中单独显示各颜色通道的图像效果，可以按键盘上的快捷键。以 CMYK 格式文件为例，按 Ctrl+3 组合键，将显示青色的通道图像；按 Ctrl+4 组合键、Ctrl+5 组合键、Ctrl+6 组合键，将分别显示洋红、黄色、黑色的通道图像，效果如图 10-3 所示；按 Ctrl+2 组合键，将恢复显示 4 个通道的综合效果图像。

青色

洋红

黄色

黑色

图 10-3

10.2 通道控制面板

"通道"控制面板可以用于管理所有的通道并对通道进行编辑。选择一张图像，选择"窗口 > 通道"命令，弹出"通道"控制面板，效果如图 10-4 所示。

在"通道"控制面板中，放置区用于存放当前图像中存在的所有通道。在通道放置区中，如果选中的只是其中一个通道，则只有此通道处于选中状态，此时该通道上会出现一个灰色条；如果想选中多个通道，可以按住 Shift 键，再单击其他通道。通道左边的眼睛 👁 图标用于打开或关闭显示颜色通道。

　　单击"通道"控制面板右上方的图标 ☰，弹出其下拉命令菜单，如图 10-5 所示。

图 10-4　　　　　　　　　　　　图 10-5

　　在"通道"控制面板的底部有 4 个工具按钮，从左到右依次为"将通道作为选区载入"按钮 ⊙、"将选区存储为通道"按钮 ▣、"创建新通道"按钮 ▣ 和"删除当前通道"按钮 🗑，如图 10-6 所示。

图 10-6

　　"将通道作为选区载入"按钮 ⊙ 用于将通道中的选择区域调出；"将选区存储为通道"按钮 ▣ 用于将选择区域存入通道中，并可在后面调出来制作一些特殊效果；"创建新通道"按钮 ▣ 用于创建或复制一个新的通道，此时建立的通道即为 Alpha 通道，单击该工具按钮，即可创建一个新的 Alpha 通道；"删除当前通道"按钮 🗑 用于删除一个图像中的通道，将通道直接拖动到"删除当前通道"按钮 🗑 上，即可删除通道。

10.3　通道的操作

　　可以通过对图像的通道进行一系列的操作来编辑图像。

10.3.1　创建新通道

　　在编辑图像的过程中，可以建立新的通道，还可以在新建的通道中对图像进行编辑。新建通道，有以下几种方法。

　　➡ 使用"通道"控制面板弹出式菜单。单击"通道"控制面板右上方的图标 ☰，在弹出式菜单中选择"新建通道"命令，弹出"新建通道"对话框，如图 10-7 所示。"名称"选项用于设定当前通道的名称；"色彩指示"选项组用于选择两种区域方式；"颜色"选项用于设定新通道的颜色；"不透明度"选项用于设定当前通道的不透明度。单击"确定"按钮，"通道"控制面板中会建好一个新通道，即"Alpha 1"通道，效果如图 10-8 所示。

　　➡ 使用"通道"控制面板按钮。单击"通道"控制面板中的"创建新通道"按钮 ▣，即可创建一个新通道。

图 10-7　　　　　　　　　　　图 10-8

10.3.2　复制通道

"复制通道"命令用于将现有的通道进行复制，产生多个相同属性的通道。复制通道，有以下几种方法。

➡ 使用"通道"控制面板弹出式菜单。单击"通道"控制面板右上方的图标 ，在弹出式菜单中选择"复制通道"命令，弹出"复制通道"对话框，如图 10-9 所示。"为"选项用于设定复制通道的名称；"文档"选项用于设定复制通道的文件来源。

➡ 使用"通道"控制面板按钮。将"通道"控制面板中需要复制的通道拖放到下方的"创建新通道"按钮 上，即可将所选的通道复制为一个新通道。

10.3.3　删除通道

不用的或废弃的通道可以将其删除，以免影响操作。删除通道，有以下几种方法。

➡ 使用"通道"控制面板弹出式菜单。单击"通道"控制面板右上方的图标 ，在弹出式菜单中选择"删除通道"命令。

➡ 使用"通道"控制面板按钮。单击"通道"控制面板中的"删除当前通道"按钮 ，弹出提示对话框，如图 10-10 所示，单击"是"按钮，将通道删除。将需要删除的通道拖放到"删除当前通道"按钮 上，也可以将其删除。

图 10-9

图 10-10

10.3.4　专色通道

专色通道是指在 CMYK 四色以外单独制作的一个通道，用来放置金色、银色或者一些需要特别要求的专色。

1．新建专色通道

单击"通道"控制面板右上方的图标 ，在弹出式菜单中选择"新建专色通道"命令，弹出"新建专色通道"对话框，如图 10-11 所示。

在"新建专色通道"对话框中，"名称"选项的文本框用于输入新通道的名称；"颜色"选项用于选择特别的颜

图 10-11

色；"密度"选项的文本框用于输入特别色的显示透明度，数值在 0～100% 之间。

　　2. 制作专色通道

　　单击"通道"控制面板中新建的专色通道。选择"画笔"工具 ，在"画笔"工具属性栏中进行设定，如图 10-12 所示。在图像中合适的位置进行绘制，如图 10-13 所示。

图 10-12　　　　　　　　　　　　　　　　图 10-13

> **提示**　前景色为黑色，绘制时的专色是完全的。前景色是其他中间色，绘制时的专色是不同透明度的特别色。前景色为白色，绘制时的专色是没有的。

　　3. 将新通道转换为专色通道

　　单击"通道"控制面板中的"Alpha 1"通道，如图 10-14 所示。单击"通道"控制面板右上方的图标 ，在弹出式菜单中选择"通道选项"命令，弹出"通道选项"对话框，选中"专色"单选项，其他选项如图 10-15 所示进行设定。单击"确定"按钮，将"Alpha 1"通道转换为专色通道，如图 10-16 所示。

　　4. 合并专色通道

　　单击"通道"控制面板中新建的专色通道，如图 10-17 所示。单击"通道"控制面板右上方的图标，在弹出式菜单中选择"合并专色通道"命令，将专色通道合并，效果如图 10-18 所示。

图 10-14

图 10-15　　　　　图 10-16　　　　　图 10-17　　　　　图 10-18

10.3.5　通道选项

　　"通道选项"命令用于设定 Alpha 通道。单击"通道"控制面板右上方的图标，在弹出式菜单中选择"通道选项"命令，弹出"通道选项"对话框，如图 10-19 所示。

图 10-19

在"通道选项"对话框中，"名称"选项用于命名通道名称；"色彩指示"选项组用于设定通道中蒙版的显示方式，其中，"被蒙版区域"选项表示蒙版区为深色显示、非蒙版区为透明显示，"所选区域"选项表示蒙版区为透明显示、非蒙版区为深色显示，"专色"选项表示以专色显示；"颜色"选项用于设定填充蒙版的颜色；"不透明度"选项用于设定蒙版的不透明度。

10.3.6 分离与合并通道

"分离通道"命令用于把图像的每个通道拆分为独立的图像文件。合并通道命令可以将多个灰度图像合并为一个图像。

单击"通道"控制面板右上方的图标，在弹出式菜单中选择"分离通道"命令，将图像中的每个通道分离成各自独立的 8bit 灰度图像。分离前后的效果如图 10-20 所示。

图 10-20

单击"通道"控制面板右上方的图标，在弹出式菜单中选择"合并通道"命令，弹出"合并通道"对话框，如图 10-21 所示。

在"合并通道"对话框中，"模式"选项用于选择 RGB 颜色模式、CMYK 颜色模式、Lab 颜色模式或多通道模式；"通道"选项用于设定生成图像的通道数目，一般采用系统的默认设定值。

在"合并通道"对话框中选择"RGB 模式"，单击"确定"按钮，弹出"合并 RGB 通道"对话框，如图 10-22 所示。在该对话框中，可以在选定的色彩模式中为每个通道指定一幅灰度图像，被指定的图像可以是同一幅图像，也可以是不同的图像，但这些图像的大小必须是相同的。在合并之前，所有要合并的图像都必须是打开的，尺寸要绝对一样，而且一定要为灰度图像，单击"确定"按钮，效果如图 10-23 所示。

图 10-21

图 10-22

图 10-23

10.3.7　课堂案例——制作大大碗娱乐公众号封面首图

案例学习目标

学习使用通道控制面板制作出需要的效果。

案例知识要点

使用分离通道命令、合并通道命令处理图片；使用彩色半调命令为通道添加滤镜效果；使用色阶命令、曝光度命令调整各通道颜色；最终效果如图 10-24 所示。

扫码观看　扫码查看
本案例视频　扩展案例

图 10-24

效果所在位置

云盘/Ch10/效果/制作大大碗娱乐公众号封面首图.psd。

（1）按 Ctrl+O 组合键，打开云盘中的"Ch04 > 素材 > 制作大大碗娱乐公众号封面首图 > 01"文件，如图 10-25 所示。选择"窗口 > 通道"命令，弹出"通道"控制面板，如图 10-26 所示。

图 10-25 图 10-26

（2）单击"通道"控制面板右上方的▤图标，在弹出的菜单中选择"分离通道"命令，将图像分离成"红""绿""蓝"3 个通道文件，如图 10-27 所示。选择通道文件"蓝"，如图 10-28 所示。

图 10-27 图 10-28

（3）选择"滤镜 > 像素化 > 彩色半调"命令，在弹出的对话框中进行设置，如图 10-29 所示，单击"确定"按钮，效果如图 10-30 所示。

图 10-29

图 10-30

（4）选择通道文件"绿"，按 Ctrl+L 组合键，弹出"色阶"对话框，选项的设置如图 10-31 所示，单击"确定"按钮，效果如图 10-32 所示。

图 10-31

图 10-32

（5）选择通道文件"红"，选择"图像 > 调整 > 曝光度"命令，在弹出的对话框中进行设置，如图 10-33 所示，单击"确定"按钮，效果如图 10-34 所示。

图 10-33

图 10-34

（6）单击"通道"控制面板右上方的 ≡ 图标，在弹出的菜单中选择"合并通道"命令，在弹出的对话框中进行设置，如图 10-35 所示，单击"确定"按钮。弹出"合并 RGB 通道"对话框，如图 10-36 所示，单击"确定"按钮，合并通道，图像效果如图 10-37 所示。

（7）将前景色设为白色。选择"横排文字"工具 **T**，在适当的位置输入需要的文字并选取文字，在属性栏中选择合适的字体并设置文字大小，效果如图 10-38 所示，在"图层"控制面板中生成新的文字图层。至此，大大碗娱乐公众号封面首图制作完成。

图 10-35   图 10-36

图 10-37   图 10-38

10.4 通道蒙版

使用通道蒙版是一种更方便、快捷和灵活地选择图像区域的方法。在实际应用中，颜色相近的图像区域的选择、羽化选区操作及抠图处理等工作使用蒙版完成将会更加便捷。

10.4.1 快速蒙版的制作

"快速蒙版"命令可以使图像快速地进入蒙版编辑状态。

打开一幅图像，如图 10-39 所示。选择"魔棒"工具 ，在"魔棒"工具属性栏中进行设定，如图 10-40 所示。按住 Shift 键，"魔棒"工具光标旁出现"+"号，连续单击选择背景区域，效果如图 10-41 所示。

图 10-39   图 10-40

图 10-41

单击工具箱下方的"以快速蒙版模式编辑"按钮 ，进入蒙版状态，选区框暂时消失，图像的未选择区域变为红色，如图 10-42 所示。"通道"控制面板将自动生成"快速蒙版"通道，如图 10-43 所示。快速蒙版图像如图 10-44 所示。

> **提示**
>
> 系统预设蒙版颜色为半透明的红色。

图 10-42   图 10-43   图 10-44

使用"画笔"工具 ，在"画笔"工具属性栏中进行设定，如图 10-45 所示。将快速蒙版中的雪人形成区域绘制成黑色，图像效果和快速蒙版如图 10-46 所示。

图 10-45   图 10-46

双击"快速蒙版"通道，弹出"快速蒙版选项"对话框，可对快速蒙版进行设定。在该对话框中，选中"被蒙版区域"选项的单选按钮，如图 10-47 所示，单击"确定"按钮，将被蒙版的区域进行蒙版，如图 10-48 所示。

图 10-47   图 10-48

在"快速蒙版选项"对话框中，选择"所选区域"选项，如图 10-49 所示，单击"确定"按钮，将所选区域进行蒙版，如图 10-50 所示。

图 10-49   图 10-50

10.4.2　在 Alpha 通道中存储蒙版

可以将编辑好的蒙版保存到 Alpha 通道中。下面，将具体讲解存储蒙版的方法。

使用"磁性套索"工具 ，将图像中画的区域选取，效果如图 10-51 所示。

图 10-51

选择"选择 > 存储选区"命令，弹出"存储选区"对话框，如图 10-52 所示进行设定，单击"确定"按钮，建立通道蒙版"Alpha 1"。或选择"通道"控制面板中的"将选区存储为通道"按钮 ，建立通道蒙版"Alpha 1"，效果如图 10-53 所示。

图 10-52   图 10-53

将图像保存，再次打开图像时，选择"选择 > 载入选区"命令，弹出"载入选区"对话框，如图 10-54 所示进行设定，单击"确定"按钮，将通道"Alpha 1"的选区载入，或选择"通道"控制面板中的"将通道作为选区载入"按钮 ，将通道"Alpha 1"作为选区载入，效果如图 10-55 所示。

图 10-54

图 10-55

10.5 通道运算

通道运算可以按照各种合成方式合成单个或几个通道中的图像内容。通道运算的图像尺寸必须一致。

10.5.1 应用图像

"应用图像"命令用于计算处理通道内的图像，使图像混合产生特殊效果。选择"图像 > 应用图像"命令，弹出"应用图像"对话框，如图 10-56 所示。

在对话框中，"源"选项用于选择源文件；"图层"选项用于选择源文件的层；"通道"选项用于选择源通道；"反相"选项用于在处理前先反转通道内的内容；"目标"选项能显示出目标文件的文件名、层、通道及色彩模式等信息；"混合"选项用于选择混色模式，即选择两个通道对应像素的计算方法；"不透明度"选项用于设定图像的不透明度；"蒙版"选项用于加入蒙版以限定选区。

图 10-56

> "应用图像"命令要求源文件与目标文件的尺寸大小必须相同，因为参加计算的两个通道内的像素是一一对应的。

打开两幅图像，选择"图像 > 图像大小"命令，弹出"图像大小"对话框。分别将两张图像设置为相同的尺寸，设置好后，单击"确定"按钮，效果如图 10-57 和图 10-58 所示。

在两幅图像的"通道"控制面板中分别建立通道蒙版，其中黑色表示遮住的区域。返回到两张图像的 RGB 通道，效果如图 10-59 和图 10-60 所示。

选择"03"文件，选择"图像 > 应用图像"命令，弹出"应用图像"对话框，如图 10-61 所示。

图 10-57   图 10-58

图 10-59   图 10-60   图 10-61

　　设置完成后，单击"确定"按钮，两幅图像混合后的效果如图 10-62 所示。在"应用图像"对话框中，勾选"蒙版"选项的复选框，弹出蒙版的其他选项，如图 10-63 所示。设置好后，单击"确定"按钮，两幅图像混合后的效果如图 10-64 所示。

图 10-62   图 10-63   图 10-64

10.5.2　课堂案例——制作女性健康公众号首页次图

 案例学习目标

学习使用应用图像命令制作需要的效果。

案例知识要点

使用应用图像命令制作合成图像；最终效果如图 10-65 所示。

扫码观看　　扫码查看
本案例视频　扩展案例

图 10-65

效果所在位置

云盘/Ch10/效果/制作女性健康公众号首页次图.psd。

（1）按 Ctrl+O 组合键，打开云盘中的"Ch10 > 素材 > 制作女性健康公众号首页次图 > 01、02"文件，如图 10-66 和图 10-67 所示。

（2）选择"图像 > 应用图像"命令，在弹出的"应用图像"对话框中进行设置，如图 10-68 所示，单击"确定"按钮，图像效果如图 10-69 所示。

图 10-66　　　　　　　　图 10-67　　　　　　　　　　　图 10-68

（3）选择"图像 > 调整 > 曲线"命令，弹出对话框，在曲线窗口中单击，添加点以编辑曲线，选项的设置如图 10-70 和图 10-71 所示，单击"确定"按钮，效果如图 10-72 所示。至此，女性健康公众号首页次图制作完成。

图 10-69　　　　　　　　　　　　　　图 10-70

图 10-71　　　　　　　　　　　　　　　　　　图 10-72

10.5.3　运算

"计算"命令用于计算处理两个通道内的相应内容，但主要用于合成单个通道的内容。

选择"图像 > 计算"命令，弹出"计算"对话框，如图 10-73 所示。

图 10-73

在"计算"对话框中，第 1 个选项组的"源 1"选项用于选择源文件 1，"图层"选项用于选择源文件 1 中的层，"通道"选项用于选择源文件 1 中的通道，"反相"选项用于反转；第 2 个选项组的"源 2""图层""通道"和"反相"选项用于选择源文件 2 的相应信息；第 3 个选项组的"混合"选项用于选择混色模式，"不透明度"选项用于设定不透明度；"结果"选项用于指定处理结果的存放位置。

"计算"命令尽管与"应用图像"命令一样，都是对两个通道的相应内容进行计算处理的命令，但是二者也有区别。用"应用图像"命令处理后的结果可作为源文件或目标文件使用；而用"计算"命令处理后的结果则存成一个通道，如存成 Alpha 通道，使其可转变为选区以供其他工具使用。

在"计算"对话框中进行设置，如图 10-74 所示，单击"确定"按钮，两张图像通道运算后的新通道效果如图 10-75 所示。

图 10-74

图 10-75

课后习题——制作狗宝宝 App 主页 Banner

习题知识要点

　　使用通道控制面板、色阶命令和画笔工具抠出小狗图片；使用投影命令为图片添加投影效果；使用横排文字工具添加文字；最终效果如图 10-76 所示。

扫码观看
本案例视频

图 10-76

效果所在位置

云盘/Ch10/效果/制作狗宝宝 App 主页 Banner.psd。

11

第 11 章
滤镜效果

本章将详细介绍滤镜的功能和特效。读者通过学习本章，要了解并掌握滤镜的各项功能和特点，通过反复地实践练习，可制作出丰富多彩的图像效果。

课堂学习目标

- ✔ 了解滤镜菜单
- ✔ 了解滤镜与图像模式
- ✔ 掌握对滤镜效果的介绍和应用
- ✔ 掌握滤镜的使用技巧

11.1　滤镜菜单介绍

Photoshop CC 2019 的"滤镜"菜单提供了多种功能的滤镜，选择这些滤镜命令，可以制作出奇妙的图像效果。

单击"滤镜"菜单，弹出图 11-1 所示的下拉菜单。Photoshop CC 2019 "滤镜"菜单被分为 4 个部分，并已用横线划分开。

第 1 部分是最近一次使用的滤镜。当没有使用滤镜时，它是灰色的，不可以选择；当使用过一种滤镜后，需要重复使用这种滤镜时，只要直接选择这种滤镜或按 Ctrl+F 组合键，即可重复使用。

第 2 部分是转换为智能滤镜部分。单击此命令即可将普通滤镜转换为智能滤镜。

第 3 部分是 6 种 Photoshop CC 2019 滤镜。每个滤镜的功能都十分强大。

第 4 部分是 11 种 Photoshop CC 2019 滤镜。每个滤镜中都有包含其他滤镜的子菜单。

图 11-1

11.2　滤镜与图像模式

当打开一幅图像，并对其使用滤镜时，必须了解图像模式和滤镜的关系。RGB 颜色模式可以使用 Photoshop CC 2019 中的任意一种滤镜。不能使用滤镜的图像模式有位图、16 位灰度图、索引颜色和 48 位 RGB 图。在 CMYK 和 Lab 颜色模式下，不能使用的滤镜有画笔描边、视频、素描、纹理和艺术效果等。

11.3　滤镜效果介绍

Photoshop CC 2019 的滤镜有着很强的艺术性和实用性，能制作出五彩缤纷的图像效果。下面，将具体介绍各种滤镜的使用方法和应用效果。

11.3.1　滤镜库

滤镜库将常用滤镜组组合在一个面板中，以折叠菜单的方式显示，并为每一个滤镜提供了直观的效果预览，使用十分方便。

打开一幅图像，如图 11-2 所示。选择"滤镜 > 滤镜库"命令，弹出"滤镜库"对话框。对话框中部为滤镜列表，每个滤镜组下面包含了多个具有特色的滤镜，单击需要的滤镜组，可以浏览滤镜组中的各个滤镜及其效果，再从中选择需要的滤镜，如图 11-3 所示。

图 11-2

图 11-3

　　"滤镜库"对话框左侧为图像效果预览窗口，单击预览窗口下面的 ⊞ 按钮，可以放大预览图像，百分比数值按钮中显示出放大图像的百分比数值。单击预览窗口下面的 ⊟ 按钮，可以缩小预览图像，百分比数值按钮中显示出缩小图像的百分比数值。单击预览窗口下面的百分比数值按钮 66.7% ∨，弹出百分比数值列表，在该列表中可以选择需要的百分比数值来预览图像，如图 11-4 所示。还可以通过拖曳滚动条来观察放大后的图像。

图 11-4

　　"滤镜库"对话框右侧中部为滤镜的设置区，单击滤镜列表框 马赛克拼贴 ∨ ，可以在下拉列表中选择需要的滤镜。在滤镜的设置区中，还可以设置选中滤镜的各项参数。

　　"新建效果图层"按钮 ⬚ ，可以用来继续对图像应用上一次的滤镜效果。

　　单击"删除效果图层"按钮 🗑 ，可以删除上一次应用的滤镜效果。

　　在对话框右侧上部，单击 ⬆ 按钮，可以将图像效果预览窗口最大化，如图 11-5 所示。在对话框中完成参数设置后，单击"确定"按钮，图像的滤镜效果如图 11-6 所示。

图 11-5

图 11-6

11.3.2　课堂案例——制作中信达娱乐 H5 首页

📖 案例学习目标

学习使用滤镜库命令下的半调图案滤镜制作需要的效果。

📖 案例知识要点

使用图层混合模式选项、半调图案滤镜处理人物图像；使用横排文字工具添加文字信息；最终效果如图 11-7 所示。

图 11-7

扫码观看
本案例视频

扫码查看
扩展案例

📍 效果所在位置

云盘/Ch11/效果/制作中信达娱乐 H5 首页.psd。

（1）按 Ctrl+N 组合键，弹出"新建文档"对话框，设置宽度为 750 像素，高度为 1 206 像素，分辨率为 72 像素/英寸，颜色模式为 RGB，背景内容为白色，单击"创建"按钮，新建一个文件。

　　（2）按 Ctrl+O 组合键，打开云盘中的"Ch11 > 素材 > 制作中信达娱乐 H5 首页 > 01"文件，选择"移动"工具 ⊕，将图片拖曳到图像窗口中适当的位置，并调整其大小，效果如图 11-8 所示，在"图层"控制面板中生成新图层并将其命名为"人物"。

　　（3）按 Ctrl+J 组合键，复制"人物"图层，生成新的图层"人物 拷贝"。在"图层"控制面板上方，将"人物 拷贝"图层的混合模式选项设为"颜色减淡"，如图 11-9 所示，图像效果如图 11-10 所示。

图 11-8　　　　　　　　　　图 11-9　　　　　　　　　　图 11-10

　　（4）按 D 键，恢复默认前景色和背景色。选择"滤镜 > 滤镜库"命令，在弹出的对话框中进行设置，如图 11-11 所示；单击"确定"按钮，效果如图 11-12 所示。

图 11-11　　　　　　　　　　　　　　　　　　　　　图 11-12

　　（5）将前景色设为白色。选择"横排文字"工具 T，在适当的位置分别输入需要的文字并选取文字，在属性栏中选择合适的字体并设置大小，按 Alt+→组合键，调整文字适当的间距，效果如图 11-13 所示，在"图层"控制面板中生成新的文字图层。至此，中信达娱乐 H5 首页制作完成，效果如图 11-14 所示。

图 11-13　　　　　　　　　　　　　　　　图 11-14

11.3.3　课堂案例——制作金珠旺理财公众号首页次图

案例学习目标

学习使用滤镜库命令下的照亮边缘滤镜制作需要的效果。

案例知识要点

使用反相命令将图像反相；使用照亮边缘滤镜制作首页次图；最终效果如图 11-15 所示。

扫码观看　　　　扫码查看
本案例视频　　　扩展案例

图 11-15

效果所在位置

云盘/Ch11/效果/制作金珠旺理财公众号首页次图.psd。

（1）按 Ctrl+N 组合键，弹出"新建文档"对话框，设置宽度为 200 像素，高度为 200 像素，分辨率为 72 像素/英寸，颜色模式为 RGB，背景内容为白色，单击"创建"按钮，新建一个文件。

（2）按 Ctrl+O 组合键，打开云盘中的"Ch11 > 素材 > 制作金珠旺理财公众号首页次图 > 01"文件，选择"移动"工具 ✛，将图片拖曳到图像窗口中适当的位置，并调整其大小，效果如图 11-16 所示，在"图层"控制面板中生成新图层并将其命名为"存钱罐"。

（3）选择"滤镜 > 滤镜库"命令，在弹出的对话框中进行设置，如图 11-17 所示；单击"确定"按钮，效果如图 11-18 所示。按 Ctrl+I 组合键，对图像进行反相操作，效果如图 11-19 所示。至此，金珠旺理财公众号首页次图制作完成。

图 11-16

图 11-17

图 11-18   图 11-19

11.3.4 "自适应广角"滤镜

"自适应广角"滤镜是 Photoshop CC 2019 中的一项新功能，可以利用它对具有对广角、超广角及鱼眼效果的图片进行校正。

打开一幅图像，如图 11-20 所示。选择"滤镜 > 自适应广角"命令，弹出图 11-21 所示的对话框。

图 11-20   图 11-21

在对话框左侧的图片上需要调整的位置拖曳一条直线，如图 11-22 所示。再将直线中间的节点向下拖曳到适当的位置，图片中的地面自动调整为平直的形态，如图 11-23 所示，单击"确定"按钮，照片调整后的效果如图 11-24 所示。用相同的方法也可以调整图片中的屋顶，调整后的效果如图 11-25 所示。

图 11-22　　　　　　　　　　　　　　图 11-23

图 11-24　　　　　　　　　　　　　　图 11-25

11.3.5　"Camera Raw"滤镜

Camera Raw 滤镜是 Photoshop CC 2019 专门用于处理相机照片的命令，可以对图像的基本、色调曲线、细节、HSL 调整/黑白混合、分离色调、镜头校正等进行调整。

打开一幅图片，如图 11-26 所示。选择"滤镜 > Camera Raw 滤镜"命令，弹出对话框如图 11-27 所示。

图 11-26　　　　　　　　　　　　　　图 11-27

在对话框左侧的上方是编辑照片的工具，中间为照片预览框，下方为窗口缩放级别和视图显示方式。右侧上方为直方图和拍摄信息，下方为 9 个照片编辑选项卡。

"基本"选项卡：可以对照片的白平衡、曝光、对比度、高光、阴影、清晰度和饱和度进行调整。

"色调曲线"选项卡：可以对照片的高光、亮调、暗调和阴影进行微调。

"细节"选项卡：可以对照片进行锐化、减少杂色处理。

"HSL 调整/黑白混合"选项卡：可以对照片的色相、饱和度和明亮度进行调整，或者调整照片的灰度。

"分离色调"选项卡：可以调整照片的高光和阴影。

"镜头校正"选项卡：可以校正镜头缺陷，补偿相机镜头造成的扭曲度、去边和晕影。

"效果"选项卡：可以为照片添加颗粒和裁剪后晕影制作特效。

"校准"选项卡：可以自动对某类照片进行校正。

"预设"选项卡：可以存储调整的预设以应用到其他照片中。

在对话框中进行设置，如图 11-28 所示，单击"确定"按钮，效果如图 11-29 所示。

图 11-28   图 11-29

11.3.6 "镜头校正"滤镜

"镜头校正"滤镜可以用来修复常见的镜头瑕疵，如桶形失真、枕形失真、晕影和色差等，也可以用来旋转图像，或修复由于相机在垂直或水平方向上倾斜而导致的图像透视、错视现象。

打开一幅图片，如图 11-30 所示。选择"滤镜 > 镜头校正"命令，弹出如图 11-31 所示的对话框。

图 11-30   图 11-31

单击"自定"选项卡，设置如图 11-32 所示，单击"确定"按钮，图像效果如图 11-33 所示。

图 11-32   图 11-33

11.3.7 "液化"滤镜

"液化"滤镜可以制作出各种类似"液化"的图像变形效果。

打开一幅图像，如图 11-34 所示。选择"滤镜 > 液化"命令，或按 Shift+Ctrl+X 组合键，弹出"液化"对话框，如图 11-35 所示。

图 11-34   图 11-35

左侧的工具由上到下分别为"向前变形"工具、"重建"工具、"平滑"工具，"顺时针旋转扭曲"工具、"褶皱"工具、"膨胀"工具、"左推"工具、"冻结蒙版"工具、"解冻蒙版"工具、"脸部"工具、"抓手"工具和"缩放"工具。

在画笔工具选项组中，"大小"选项用于设定所选工具的笔触大小；"浓度"选项用于设定画笔的浓密度；"压力"选项用于设定画笔的压力，压力越小，变形的过程越慢；"速率"选项用于设定画笔的绘制速度；"光笔压力"选项用于设定压感笔的压力。

在人脸识别液化组中，"眼睛"选项组用于设定眼睛的大小、高度、宽度、斜度和距离。"鼻子"选项组用于设定鼻子的高度和宽度。"嘴唇"选项组用于设定微笑、上嘴唇、下嘴唇、嘴唇的宽度和高度。"脸部形状"选项组用于设定脸部的前额、下巴高度、下颌和脸部宽度。

在载入网格选项组中，用于载入、使用和存储网格。

在蒙版选项组中，用于选择通道蒙版的形式。选择"无"按钮，可以移去所有冻结区域；选择"全部蒙住"按钮，可以冻结整个图像；选择"全部反相"按钮，可以反相所有冻结区域。

在视图选项组中，勾选"显示图像"复选框，可以在预览中显示图像；勾选"显示网格"复选框，可以在预览中显示网格，"网格大小"选项用于设置网格的大小，"网格颜色"选项用于设置网格的颜色；勾选"显示蒙版"复选框，可以在预览中显示冻结蒙版，"蒙版颜色"选项用于设置蒙版的颜色；勾选"显示背景"复选框，在"使用"选项的下拉列表中可以选择图层，在"模式"选项的下拉列表中可以选择不同的模式，"不透明度"选项可以设置不透明度。

在画笔重建选项组中，"重建"按钮用于重建所有拉丝区域；"恢复全部"按钮用于移去所有拉丝区域。

在对话框中对图像脸部进行变形，如图 11-36 所示，单击"确定"按钮，完成图像的液化变形，效果如图 11-37 所示。

图 11-36

图 11-37

11.3.8　课堂案例——制作美妆护肤类公众号封面首图

 案例学习目标

学习使用滤镜命令下的液化滤镜命令制作出需要的效果。

 案例知识要点

使用液化滤镜命令中的脸部工具、向前变形工具、褶皱工具调整脸型；使用移动工具添加素材；最终效果如图 11-38 所示。

扫码观看
本案例视频

扫码查看
扩展案例

图 11-38

效果所在位置

云盘/Ch11/效果/制作美妆护肤类公众号封面首图.psd。

（1）按 Ctrl+N 组合键，弹出"新建文档"对话框，设置宽度为 900 像素，高度为 383 像素，分辨率为 72 像素/英寸，颜色模式为 RGB，背景内容为紫色（190、124、159），单击"创建"按钮，新建一个文件。

（2）按 Ctrl+O 组合键，打开云盘中的"Ch11 ＞ 素材 ＞ 制作美妆护肤类公众号封面首图 ＞ 01"文件，如图 11-39 所示。将"背景"图层拖曳到控制面板下方的"创建新图层"按钮 🔲 上进行复制，生成新的图层"背景 拷贝"，如图 11-40 所示。

图 11-39　　　　　　　　　　　　　图 11-40

（3）选择"滤镜 ＞ 液化"命令，弹出对话框。选择"脸部"工具 🧑，在预览窗口中拖曳鼠标，调整脸部宽度，如图 11-41 所示。

图 11-41

（4）选择"向前变形"工具 🖐，将"画笔大小"选项设为 100，"画笔压力"选项设为 100，在预览窗口中拖曳鼠标，调整左侧脸部的大小，如图 11-42 所示。

（5）选择"褶皱"工具 🕿，将"画笔大小"选项设为 30，在预览窗口中拖曳鼠标，调整嘴部的大小，如图 11-43 所示。单击"确定"按钮，效果如图 11-44 所示。

图 11-42

图 11-43

图 11-44

　　（6）选择"移动"工具 ⊕ ，将"01"图像拖曳到新建的图像窗口中适当的位置并调整大小，效果如图 11-45 所示，在"图层"控制面板中生成新的图层并将其命名为"人物"。

　　（7）单击"图层"控制面板下方的"添加图层蒙版"按钮 ▣ ，为"人物"图层添加蒙版。选择"渐变"工具 ▣ ，单击属性栏中的"点按可编辑渐变"按钮 ▬ ⌄ ，弹出"渐变编辑器"对话框。将渐变色设为从黑色到白色，如图 11-46 所示，单击"确定"按钮。在图像窗口中从左向右拖曳渐变色，效果如图 11-47 所示。

　　（8）按 Ctrl+O 组合键，打开云盘中的"Ch11 ＞ 素材 ＞ 制作美妆护肤类公众号封面首图 ＞02、03"文件，选择"移动"工具 ⊕ ，将"02"和"03"图片分别拖曳到新建的图像窗口中适当的位置，如图 11-48 所示，在"图层"控制面板中分别生成新的图层并将其命名为"文字"和"化妆品"。至此，美妆护肤类公众号封面首图制作完成。

图 11-45   图 11-46

图 11-47   图 11-48

11.3.9 "消失点"滤镜

应用"消失点"滤镜，可以制作建筑物或任何矩形对象的透视效果。

选中图像中的建筑物，生成选区，如图 11-49 所示。按 Ctrl+C 键复制选区中的图像，取消选区。选择"滤镜 > 消失点"命令，弹出"消失点"对话框。在对话框的左侧选中"创建平面工具"按钮 ，在图像中单击定义 4 个角的节点，如图 11-50 所示。节点之间会自动连接成为透视平面，如图 11-51 所示。

图 11-49

按 Ctrl+V 键将刚才复制过的图像粘贴到对话框中，如图 11-52 所示。将粘贴的图像拖曳到透视平面中，如图 11-53 所示。

图 11-50   图 11-51

图 11-52

图 11-53

　　按住 Alt 键的同时，复制并向上拖曳建筑物，如图 11-54 所示。用相同的方法，再复制建筑物两次，如图 11-55 所示。单击"确定"按钮，建筑物的透视变形效果如图 11-56 所示。

图 11-54

图 11-55

图 11-56

　　在"消失点"对话框中，透视平面显示为蓝色时为有效的平面；显示为红色时为无效的平面，无法计算平面的长宽比，也无法拉出垂直平面；显示为黄色时也为无效的平面，无法解析平面的所有消失点，如图 11-57 所示。

蓝色透视平面　　　　　　　红色透视平面　　　　　　　黄色透视平面

图 11-57

11.3.10 "3D"滤镜组

"3D"滤镜组可以生成效果更好的凹凸图和法线图。"3D"滤镜组中各种滤镜效果如图 11-58 所示。

"生成凹凸图"滤镜　　　　　　　"生成法线图"滤镜

图 11-58

11.3.11 "风格化"滤镜组

"风格化"滤镜组用于产生印象派以及其他风格画派作品的效果，它是完全模拟真实艺术手法进行创作的。"风格化"滤镜组中各种滤镜效果如图 11-59 所示。

"查找边缘"滤镜　　　　　"等高线"滤镜　　　　　　"风"滤镜　　　　　　"浮雕效果"滤镜

"扩散"滤镜　　　　　"拼贴"滤镜　　　　　"曝光过度"滤镜　　　　　"凸出"滤镜　　　　　"油画"滤镜

图 11-59

11.3.12 "模糊"滤镜组

"模糊"滤镜组可以使图像中过于清晰或对比度过于强烈的区域产生模糊效果。此外，也可用于制作柔和阴影。"模糊"滤镜组中各种滤镜效果如图 11-60 所示。

"表面模糊"滤镜　　　"动感模糊"滤镜　　　"方框模糊"滤镜　　　"高斯模糊"滤镜　　　"进一步模糊"滤镜

"径向模糊"滤镜　　　"镜头模糊"滤镜　　　"模糊"滤镜　　　"平均"滤镜　　　"特殊模糊"滤镜　　　"形状模糊"滤镜

图 11-60

11.3.13 课堂案例——制作艾善汽车公众号首页次图

案例学习目标

学习使用滤镜命令下的模糊滤镜、杂色滤镜制作需要的效果。

案例知识要点

使用添加杂色滤镜命令为图片添加杂色；使用径向模糊滤镜命令为图片添加模糊效果；最终效果如图 11-61 所示。

扫码观看　　扫码查看
本案例视频　　扩展案例

图 11-61

效果所在位置

云盘/Ch11/效果/制作艾善汽车公众号首页次图.psd。

（1）按 Ctrl+N 组合键，弹出"新建文档"对话框，设置宽度为 200 像素，高度为 200 像素，分辨率为 72 像素/英寸，颜色模式为 RGB，背景内容为白色，单击"创建"按钮，新建一个文件。

（2）按 Ctrl+O 组合键，打开云盘中的"Ch11 > 素材 > 制作艾善汽车公众号首页次图 > 01"文件，选择"移动"工具 ⊕，将图片拖曳到图像窗口中适当的位置，并调整其大小，效果如图 11-62 所示，在"图层"控制面板中生成新图层并将其命名为"汽车"。

（3）选择"滤镜 > 杂色 > 添加杂色"命令，在弹出的"添加杂色"对话框中进行设置，如图 11-63 所示，单击"确定"按钮，效果如图 11-64 所示。

图 11-62　　　　　　　　　　　　图 11-63　　　　　　　　　　　　图 11-64

（4）选择"滤镜 > 模糊 > 径向模糊"命令，在弹出的"径向模糊"对话框中进行设置，如图 11-65 所示，单击"确定"按钮，效果如图 11-66 所示。至此，艾善汽车公众号首页次图制作完成。

图 11-65　　　　　　　　　　　　图 11-66

11.3.14　"模糊画廊"滤镜组

"模糊画廊"滤镜组可以使用图钉或路径来控制图像，制作模糊效果。"模糊画廊"滤镜组中各种滤镜效果如图 11-67 所示。

"场景模糊"滤镜　　"光圈模糊"滤镜　　"移轴模糊"滤镜　　"路径模糊"滤镜　　"旋转模糊"滤镜

图 11-67

11.3.15 "扭曲"滤镜组

"扭曲"滤镜组可以生成一组从波纹到扭曲图像的变形效果。"扭曲"滤镜组中各种滤镜效果如图 11-68 所示。

"波浪"滤镜　　　　"波纹"滤镜　　　　"极坐标"滤镜　　　　"挤压"滤镜

"切变"滤镜　　　"球面化"滤镜　　　"水波"滤镜　　　"旋转扭曲"滤镜　　　"置换"滤镜

图 11-68

11.3.16 "锐化"滤镜组

"锐化"滤镜组可以通过生成更大的对比度来使图像清晰化，并增强处理图像的轮廓。此组滤镜可减少图像修改后产生的模糊效果。"锐化"滤镜组中各种滤镜效果如图 11-69 所示。

"USM 锐化"滤镜　　　　　"防抖"滤镜　　　　　"进一步锐化"滤镜

"锐化"滤镜　　　　　"锐化边缘"滤镜　　　　　"智能锐化"滤镜

图 11-69

11.3.17　课堂案例——制作每日早餐公众号封面首图

 案例学习目标

学习使用滤镜库命令、锐化滤镜命令制作需要的效果。

案例知识要点

使用锐化边缘命令对图像进行锐化操作；使用干画笔滤镜为图片添加艺术效果；最终效果如图 11-70 所示。

图 11-70

扫码观看　　　扫码查看
本案例视频　　　扩展案例

效果所在位置

云盘/Ch11/效果/制作每日早餐公众号封面首图.psd。

（1）按 Ctrl+N 组合键，弹出"新建文档"对话框，设置宽度为 1 175 像素，高度为 500 像素，分辨率为 72 像素/英寸，颜色模式为 RGB，背景内容为白色，单击"创建"按钮，新建一个文件。

（2）按 Ctrl+O 组合键，打开云盘中的"Ch11 > 素材 > 制作每日早餐公众号封面首图 > 01"文件，选择"移动"工具 ⊕，将图片拖曳到图像窗口中适当的位置，并调整其大小，效果如图 11-71 所示，在"图层"控制面板中生成新图层并将其命名为"蔬菜"。

（3）选择"滤镜 > 锐化 > 锐化边缘"命令，对图像进行锐化操作，效果如图 11-72 所示。

图 11-71 图 11-72

（4）选择"滤镜 > 滤镜库"命令，在弹出的对话框中进行设置，如图 11-73 所示；单击"确定"按钮，效果如图 11-74 所示。

图 11-73

（5）选择"矩形"工具 ▢，在属性栏的"选择工具模式"选项中选择"形状"，将"填充"颜色设为黑色，"描边"颜色设为无，在图像窗口中绘制一个矩形，效果如图 11-75 所示，在"图层"控制面板中生成新的形状图层"矩形 1"。

图 11-74 图 11-75

（6）在"图层"控制面板上方，将"矩形 1"形状图层的"不透明度"
选项设为 18%，如图 11-76 所示，图像效果如图 11-77 所示。

（7）将前景色设为白色。选择"横排文字"工具 T.，在适当的位置输
入需要的文字并选取文字，在属性栏中选择合适的字体并设置大小，按
Alt+→组合键，调整文字适当的间距，效果如图 11-78 所示，在"图层"
控制面板中生成新的文字图层。至此，每日早餐公众号封面首图制作完成。

图 11-76

图 11-77

图 11-78

11.3.18 "视频"滤镜组

"视频"滤镜组属于 Photoshop CC 2019 的外部接口程序。它是一组控制视频工具的滤镜，用
来从摄像机输入图像或将图像输出到录像带上。

11.3.19 "像素化"滤镜组

"像素化"滤镜组可以用来将图像分块或将图像平面化。"像素化"滤镜组中各种滤镜效果如图 11-79
所示。

"彩块化"滤镜

"彩色半调"滤镜

"点状化"滤镜

"晶格化"滤镜

马赛克"滤镜

"碎片"滤镜

"铜版雕刻"滤镜

图 11-79

11.3.20　课堂案例——制作疆和文化传媒公众号封面首图

案例学习目标

学习使用滤镜命令下的彩块化滤镜、波纹滤镜制作需要的效果。

案例知识要点

使用彩块化命令对图像进行像素化操作；使用波纹命令为图片添加纹理效果；最终效果如图 11-80 所示。

扫码观看
本案例视频

扫码查看
扩展案例

图 11-80

效果所在位置

云盘/Ch11/效果/制作疆和文化传媒公众号封面首图.psd。

（1）按 Ctrl+N 组合键，弹出"新建文档"对话框，设置宽度为 1 175 像素，高度为 500 像素，分辨率为 72 像素/英寸，颜色模式为 RGB，背景内容为白色，单击"创建"按钮，新建一个文件。

（2）按 Ctrl+O 组合键，打开云盘中的"Ch11 > 素材 > 制作疆和文化传媒公众号封面首图 > 01"文件，选择"移动"工具 ✛，将图片拖曳到图像窗口中适当的位置，并调整其大小，效果如图 11-81 所示，在"图层"控制面板中生成新图层并将其命名为"图片"。

（3）选择"滤镜 > 像素化 > 彩块化"命令，对图像进行像素化操作，效果如图 11-82 所示。

图 11-81

图 11-82

（4）选择"滤镜 > 扭曲 > 波纹"命令，在弹出的"波纹"对话框中进行设置，如图 11-83 所示；单击"确定"按钮，效果如图 11-84 所示。

（5）将前景色设为白色。选择"横排文字"工具 T，在适当的位置输入需要的文字并选取文字，在属性栏中选择合适的字体并设置大小，按 Alt+→组合键，调整文字适当的间距，效果如图 11-85 所示，在"图层"控制面板中生成新的文字图层。至此，疆和文化传媒公众号封面首图制作完成。

图 11-83

图 11-84

图 11-85

11.3.21 "渲染"滤镜组

使用"渲染"滤镜组可以在图片中产生照明的效果，可以产生不同的光源效果和夜景效果等。"渲染"滤镜组中各种滤镜效果如图 11-86 所示。

"火焰"滤镜　　　　"图片框"滤镜　　　　"树"滤镜　　　　"分层云彩"滤镜

"光照效果"滤镜　　　"镜头光晕"滤镜　　　"纤维"滤镜　　　　"云彩"滤镜

图 11-86

11.3.22 "杂色"滤镜组

"杂色"滤镜组可以用来混合干扰，制作出着色像素图案的纹理。"杂色"滤镜组中各种滤镜效果如图 11-87 所示。

"减少杂色"滤镜   "蒙尘与划痕"滤镜   "去斑"滤镜   "添加杂色"滤镜   "中间值"滤镜

图 11-87

11.3.23 "其它"滤镜组

"其它"滤镜组不同于其他分类的滤镜。在此滤镜特效中，用户可以创建自己的特殊效果滤镜。"其它"滤镜组中各种滤镜效果如图 11-88 所示。

"HSB/HSL"滤镜   "高反差保留"滤镜   "位移"滤镜

"自定"滤镜   "最大值"滤镜   "最小值"滤镜

图 11-88

11.4 滤镜使用技巧

掌握了滤镜的使用技巧，有利于快速、准确地使用滤镜为图像添加不同的效果。

11.4.1 重复使用滤镜

如果在使用一次滤镜后，效果不理想，可以重复使用滤镜，方法是直接按 Ctrl+F 组合键。重复使用"动感模糊"滤镜的不同效果如图 11-89 所示。

图 11-89

11.4.2　对通道使用滤镜

如果分别对图像的各个通道使用滤镜，结果和对图像使用滤镜的效果是一样的。对图像的单独通道使用滤镜，可以得到一种较好的效果。对图像的单独通道使用滤镜前、后得到的效果如图 11-90 所示（对图像的红、绿、蓝通道使用径向模糊滤镜）。

图 11-90

11.4.3　对图像局部使用滤镜

对图像局部使用滤镜，是常用的处理图像的方法。首先对图像的局部进行选取，如图 11-91 所示。然后对图像的局部使用"扭曲"滤镜中的"旋转扭曲"滤镜，得到的效果如图 11-92 所示。

如果对选区进行羽化后再使用滤镜，就可以得到与原图融为一体的效果，"羽化选项"对话框设置如图 11-93 所示，单击"确定"按钮，图像效果如图 11-94 所示。

图 11-91　　　　　　　　图 11-92　　　　　　　　图 11-93　　　　　　　　图 11-94

11.4.4　对滤镜效果进行调整

对图像使用"扭曲 > 波纹"滤镜后，效果如图 11-95 所示。按 Ctrl+Shift+F 组合键，弹出图 11-96 所示的"渐隐"对话框，调整"不透明度"选项的数值并选择"模式"选项，使滤镜效果产生变化，单击"确定"按钮，图像效果如图 11-97 所示。

图 11-95　　　　　图 11-96　　　　　图 11-97

11.4.5　转换为智能滤镜

常用滤镜在应用后就不能再改变滤镜命令中的数值。智能滤镜是针对智能对象使用的、可以调节滤镜效果的一种应用模式。

选中要应用滤镜的图层，如图 11-98 所示。选择"滤镜 > 转换为智能滤镜"命令，弹出提示对话框，单击"确定"按钮，将普通图层转换为智能对象图层，"图层"控制面板如图 11-99 所示。

图 11-98　　　　　图 11-99

选择"滤镜 > 扭曲 > 波纹"命令，为图像添加波纹效果，此图层的下方显示出滤镜名称，如图 11-100 所示。

双击"图层"控制面板中要修改参数的滤镜名称，在弹出的相应对话框中重新设置参数即可。双击滤镜名称右侧的"双击以编辑滤镜混合选项"图标 ，弹出"混合选项"对话框，在对话框中可以设置滤镜效果的模式和不透明度，如图 11-101 所示。

图 11-100　　　　　图 11-101

课后习题——制作音乐类 App 引导页

习题知识要点

使用椭圆工具绘制装饰图形；使用添加智能锐化命令和高斯模糊命令调整图片；使用剪贴蒙版命令调整图片显示区域；使用横排文字工具添加文字信息；最终效果如图 11-102 所示。

图 11-102

扫码观看
本案例视频

效果所在位置

云盘/Ch11/效果/制作音乐类 App 引导页.psd。

第 12 章
动作的制作

在动作控制面板中，Photoshop CC 2019 提供了多种动作命令，应用这些动作命令，可以快捷地制作出多种实用的图像效果。本章将详细讲解记录并应用动作命令的方法和技巧。读者通过学习本章要熟练掌握动作命令的应用方法和操作技巧，并能够根据设计任务的需要自建动作命令，提高图像编辑的效率。

课堂学习目标

- ✔ 了解动作控制面板并掌握动作的应用技巧
- ✔ 掌握创建动作的方法

12.1 动作控制面板

"动作"控制面板可以用来对一批需要进行相同处理的图像执行批处理操作，以减轻重复操作的麻烦。

选择"窗口 > 动作"命令，或按 Alt+F9 组合键，弹出图 12-1 所示的"动作"控制面板。

在"动作"控制面板中，①用于切换当前默认动作组下的所有命令的状态；②用于切换此动作中所有对话框的状态；③用于切换项目开/关；④用于切换对话开/关；⑤为折叠命令清单按钮；⑥为展开命令清单按钮。下方的按钮 ■ ● ▶ ▣ ▣ 🗑 由左至右依次为"停止播放/记录"按钮 ■ 、"开始记录"按钮 ● 、"播放选定的动作"按钮 ▶ 、"创建新组"按钮 ▣ 、"创建新动作"按钮 ▣ 和"删除"按钮 🗑 。

单击"动作"控制面板右上方的图标 ≡ ，弹出"动作"控制面板的下拉命令菜单，如图 12-2 所示，下面是各个命令的介绍。

图 12-1

图 12-2

"按钮模式"命令：用于设置"动作"控制面板的显示方式，可以选择以列表显示或以按钮方式显示，效果如图 12-3 所示。

"新建动作"命令：用于新建动作命令并开始录制新的动作命令。

"新建组"命令：用于新建序列设置。

"复制"命令：用于复制"动作"控制面板中的当前命令，使其成为新的动作命令。

图 12-3

"删除"命令：用于删除"动作"控制面板中高亮显示的动作命令。

"播放"命令：用于执行"动作"控制面板中所记录的操作步骤。

"开始记录"命令：用于开始录制新的动作命令。

"再次记录"命令：用于重新录制"动作"控制面板中的当前命令。

"插入菜单项目"命令：用于在当前的"动作"控制面板中插入菜单选项，在执行动作时此菜单选项将被执行。

"插入停止"命令：用于在当前的"动作"控制面板中插入断点，在执行动作遇到此命令时将弹出一个对话框，用于确定是否继续进行。

"插入条件"命令：用于在当前的"动作"控制面板中插入条件。

"插入路径"命令：用于在当前的"动作"控制面板中插入路径。

"动作选项"命令：用于设置当前的动作选项。

"回放选项"命令：用于设置动作执行的性能，单击此命令，弹出图 12-4 所示的"回放选项"对话框。在对话框中，"加速"选项用于快速地按顺序执行"动作"控制面板中的动作命令；"逐步"选项用于逐步地执行"动作"控制面板中的动作命令；"暂停"选项用于设定执行两条动作命令间的延迟秒数。

图 12-4

"允许工具记录"命令：用于记录当前使用的工具。

"清除全部动作"命令：用于清除"动作"控制面板中的所有动作命令。

"复位动作"命令：用于重新恢复"动作"控制面板的初始化状态。

"载入动作"命令：用于从硬盘中载入已保存的动作文件。

"替换动作"命令：用于从硬盘中载入并替换当前的动作文件。

"存储动作"命令：用于保存当前的动作命令。

"命令"以下都是配置的动作命令。

"动作"控制面板的应用提供了灵活、便捷的工作方式，只需建立好自己的动作命令，然后将千篇一律的工作交给它去完成即可。在建立动作命令之前，首先应选用"清除全部动作"命令清除或保存已有的动作命令，然后再选用"新建动作"命令并在弹出的对话框中输入相关的参数，最后单击"确定"按钮即可完成。

12.2　记录并应用动作

在"动作"控制面板中，可以非常便捷地记录并应用动作。

打开一幅图像，如图 12-5 所示。在"动作"控制面板的下拉命令菜单中选择"新建动作"命令，弹出"新建动作"对话框，如图 12-6 所示进行设定。单击"记录"按钮，在"动作"控制面板中出现"动作 1"，如图 12-7 所示。

图 12-5

图 12-6

图 12-7

在"图层"控制面板中新建"图层 1",如图 12-8 所示,在"动作"控制面板中记录下了新建"图层 1"的动作,如图 12-9 所示。

在"图层 1"中绘制出渐变效果,如图 12-10 所示。在"动作"控制面板中记录下了渐变的动作,如图 12-11 所示。

图 12-8　　　　　　　　图 12-9　　　　　　　　图 12-10　　　　　　　　图 12-11

在"图层"控制面板中的"混合模式"选项中选择"颜色加深",如图 12-12 所示。在"动作"控制面板中记录下了选择模式的动作,如图 12-13 所示。

对图像的编辑完成,效果如图 12-14 所示,在"动作"控制面板下拉命令菜单中选择"停止记录"命令,"动作 1"的记录即完成,如图 12-15 所示。

图 12-12　　　　　　　　图 12-13　　　　　　　　图 12-14　　　　　　　　图 12-15

图像的编辑过程被记录在"动作 1"中,"动作 1"中的编辑过程可以应用到其他的图像当中。

打开一幅图像,如图 12-16 所示。在"动作"控制面板中选择"动作 1",如图 12-17 所示。单击"播放选定的动作"按钮 ▶,图像编辑过程和效果就是刚才编辑图像时的编辑过程和效果,最终效果如图 12-18 所示。

图 12-16　　　　　　　　图 12-17　　　　　　　　图 12-18

12.2.1　课堂案例——制作城程旅游公众号封面次图

案例学习目标

学习使用动作控制面板中默认的命令制作出需要的效果。

案例知识要点

使用动作控制面板中的油彩蜡笔命令制作蜡笔效果；最终效果如图 12-19 所示。

扫码观看
本案例视频

扫码查看
扩展案例

图 12-19

效果所在位置

云盘/Ch12/效果/制作城程旅游公众号封面次图.psd。

（1）按 Ctrl+N 组合键，弹出"新建文档"对话框，设置宽度为 200 像素，高度为 200 像素，分辨率为 72 像素/英寸，颜色模式为 RGB，背景内容为白色，单击"创建"按钮，新建一个文件。

（2）按 Ctrl+O 组合键，打开云盘中的"Ch12 > 素材 > 制作城程旅游公众号封面次图 > 01"文件，选择"移动"工具 ，将图片拖曳到图像窗口中适当的位置，并调整其大小，效果如图 12-20 所示，在"图层"控制面板中生成新图层并将其命名为"人物"。

（3）按 Alt+F9 组合键，在弹出的"动作"控制面板中，单击右上方的图标 ，在弹出的菜单中选择"图像效果"命令，在"动作"控制面板中增加了"图像效果"选项组，单击"图像效果"选项组前方的按钮 ，将其展开，选中其中的"油彩蜡笔"选项，单击"动作"面板下方的"播放选定的动作"按钮 ，如图 12-21 所示，图像效果如图 12-22 所示。至此，城程旅游公众号封面次图制作完成。

图 12-20

图 12-21

图 12-22

12.2.2 课堂案例——制作饼饼商学院公众号封面首图

案例学习目标

学习使用动作控制面板中的载入动作命令制作出需要的效果。

案例知识要点

使用载入动作命令制作卡通抽象照效果；最终效果如图 12-23 所示。

扫码观看
本案例视频

扫码查看
扩展案例

图 12-23

效果所在位置

云盘/Ch12/效果/制作饼饼商学院公众号封面首图.psd。

（1）按 Ctrl+N 组合键，弹出"新建文档"对话框，设置宽度为 1 175 像素，高度为 500 像素，分辨率为 72 像素/英寸，颜色模式为 RGB，背景内容为白色，单击"创建"按钮，新建一个文件。

（2）按 Ctrl+O 组合键，打开云盘中的"Ch12 > 素材 > 制作饼饼商学院公众号封面首图 > 01"文件，选择"移动"工具 ✛，将图片拖曳到图像窗口中适当的位置，并调整其大小，效果如图 12-24 所示，在"图层"控制面板中生成新图层并将其命名为"人物"。

（3）按 Ctrl+J 组合键，复制"人物"图层，生成新的图层"人物 拷贝"。选择"移动"工具 ✛，按住 Shift 键的同时，水平向左拖曳人物图片到适当的位置，效果如图 12-25 所示。

图 12-24

图 12-25

（4）选中"人物"图层。按 Alt+F9 组合键，弹出"动作"控制面板，单击其右上方的图标 ☰，在弹出的菜单中选择"载入动作"命令，弹出"载入"对话框，选择需要的动作，如图 12-26 所示，单击"载入"按钮，如图 12-27 所示。

（5）选择需要的动作命令，如图 12-28 所示。单击"播放选定的动作"按钮 ▶，Photoshop 会自动处理图像，效果如图 12-29 所示。

图 12-26

图 12-27

图 12-28

图 12-29

（6）将前景色设为白色。选择"横排文字"工具 T.，在适当的位置输入需要的文字并选取文字，在属性栏中选择合适的字体并设置大小，效果如图 12-30 所示，在"图层"控制面板中生成新的文字图层。

（7）单击"图层"控制面板下方的"添加图层样式"按钮 fx，在弹出的菜单中选择"投影"命令，在弹出的对话框中进行设置，如图 12-31 所示；单击"确定"按钮，效果如图 12-32 所示。至此，饼饼商学院公众号封面首图制作完成。

图 12-30

图 12-31

图 12-32

课后习题——制作摩卡卡汽车公众号封面次图

🔗 习题知识要点

使用动作控制面板中的仿旧照片命令制作仿旧效果；效果如图 12-33 所示。

图 12-33

扫码观看
本案例视频

◎ 效果所在位置

云盘/Ch12/效果/制作摩卡卡汽车公众号封面次图.psd。

13

第 13 章
商业应用实战

本章通过多个图像处理案例和商业应用案例，进一步讲解 Photoshop CC 2019 各大功能的特色和使用技巧，让读者能够快速地掌握软件功能和知识要点，制作出变化丰富的设计作品。

课堂学习目标

✔ 掌握软件基础知识的使用方法
✔ 了解 Photoshop 的常用设计领域
✔ 掌握 Photoshop 在不同设计领域的使用技巧

13.1　图标设计——绘制时钟图标

 案例学习目标

学习使用多种路径绘制工具以及图层样式命令绘制时钟图标。

案例知识要点

使用椭圆工具、减去顶层形状命令和添加图层样式按钮绘制表盘；使用圆角矩形工具、矩形工具和创建剪贴蒙版命令绘制指针和刻度；使用钢笔工具、图层控制面板和渐变工具制作投影；最终效果如图 13-1 所示。

扫码查看　　扫码观看　　扫码查看
本案例步骤　本案例视频　扩展案例

图 13-1

效果所在位置

云盘/Ch13/效果/绘制时钟图标.psd。

课堂练习——绘制画板图标

练习知识要点

使用椭圆工具、添加图层样式按钮绘制颜料盘；使用钢笔工具、矩形工具、创建剪贴蒙版命令和投影命令绘制画笔；使用钢笔工具、图层控制面板和渐变工具制作投影；最终效果如图 13-2 所示。

效果所在位置

云盘/Ch13/效果/绘制画板图标.psd。

图 13-2

课后习题——绘制记事本图标

习题知识要点

使用椭圆工具、添加图层样式按钮、矩形工具和圆角矩形工具绘制记事本；使用矩形工具、属性面板、多边形工具、创建剪贴蒙版命令和投影命令绘制铅笔；使用钢笔工具、图层控制面板和渐变工具制作投影；最终效果如图 13-3 所示。

图 13-3

效果所在位置

云盘/Ch13/效果/绘制记事本图标.psd。

13.2   App 界面设计——制作电商 App 界面 1

案例学习目标

学习使用绘图工具、填充工具和文字工具制作电商 App 界面。

案例知识要点

使用移动工具添加素材；使用圆角矩形工具、创建剪贴蒙版命令制作蒙版效果；使用横排文字工具添加信息内容；最终效果如图 13-4 所示。

扫码查看　　　扫码观看　　　扫码查看
本案例步骤　　本案例视频　　扩展案例

图 13-4

效果所在位置

云盘/Ch13/效果/制作电商 App 界面 1.psd。

课堂练习——制作电商 App 界面 2

练习知识要点

使用移动工具添加素材图片；使用圆角矩形工具、横排文字工具添加界面内容；使用矩形工具、添加图层样式按钮制作标签栏；最终效果如图 13-5 所示。

扫码观看
本案例视频

图 13-5

◎ 效果所在位置

云盘/Ch13/效果/制作电商 App 界面 2.psd。

课后习题——制作电商 App 界面 3

✐ 习题知识要点

使用移动工具添加素材图片；使用横排文字工具、字符控制面板、椭圆工具和路径选择工具制作导航栏；使用圆角矩形工具、横排文字工具添加界面内容和标签栏；最终效果如图 13-6 所示。

扫码观看
本案例视频

图 13-6

◎ 效果所在位置

云盘/Ch13/效果/制作电商 App 界面 2.psd。

13.3　海报设计——制作春之韵巡演海报

📓 案例学习目标

学习创建新的填充或调整图层命令、文字工具和字符控制面板制作春之韵巡演海报。

📓 案例知识要点

使用添加图层蒙版按钮和画笔工具制作图片渐隐效果；使用色相饱和度命令、色阶命令和亮度/对比度命令调整图片颜色；使用横排文字工具、字符控制面板添加标题和宣传性文字；最终如图 13-7 所示。

图 13-7

扫码查看
本案例步骤

扫码观看
本案例视频

扫码查看
扩展案例

 效果所在位置

云盘/Ch13/效果/制作春之韵巡演海报.psd。

课堂练习——制作旅游公众号运营海报

练习知识要点

使用移动工具合成海报背景；使用横排文字工具、投影命令添加并编辑标题文字；使用圆角矩形工具、直线工具、横排文字工具和字符控制面板添加宣传性文字；最终效果如图 13-8 所示。

图 13-8

扫码观看
本案例视频

效果所在位置

云盘/Ch13/效果/制作旅游公众号运营海报.psd。

课后习题——制作招聘运营海报

习题知识要点

使用矩形工具、添加锚点工具、转换点工具和直接选择工具制作会话框；使用横排文字工具、字符控制面板添加公司名称、职务信息和联系方式；最终效果如图 13-9 所示。

扫码观看
本案例视频

图 13-9

效果所在位置

云盘/Ch13/效果/制作招聘运营海报.psd。

13.4　Banner 设计——制作女包类 App 主页 Banner

案例学习目标

学习使用创建新的填充或调整图层命令、文字工具制作女包类 App 主页 Banner。

案例知识要点

使用移动工具添加素材图片；使用色阶命令、色相/饱和度命令和亮度/对比度命令调整图片颜色；使用横排文字工具添加广告文字；效果如图 13-10 所示。

扫码查看
本案例步骤

扫码观看
本案例视频

扫码查看
扩展案例

图 13-10

效果所在位置

云盘/Ch13/效果/制作女包类 App 主页 Banner.psd。

课堂练习——制作空调扇 Banner 广告

练习知识要点

使用椭圆工具、高斯模糊命令为空调扇添加阴影效果；使用色阶命令调整图片颜色；使用圆角矩形工具、横排文字工具和字符控制面板添加产品品牌及相关功能；最终效果如图 13-11 所示。

扫码观看
本案例视频

图 13-11

效果所在位置

云盘/Ch13/效果/制作空调扇 Banner 广告.psd。

课后习题——制作化妆品 App 主页 Banner

习题知识要点

使用移动工具添加素材图片；使用椭圆工具、高斯模糊命令为化妆品添加阴影效果；使用矩形工具、直接选择工具、自定形状工具制作装饰图形；使用横排文字工具和字符控制面板添加产品介绍性文字；最终效果如图 13-12 所示。

扫码观看
本案例视频

图 13-12

效果所在位置

云盘/Ch13/效果/制作化妆品 App 主页 Banner.psd。

13.5 书籍装帧设计——制作时尚杂志电子书封面

案例学习目标

学习使用文字工具、字符控制面板制作时尚杂志电子书封面。

案例知识要点

使用矩形工具、创建剪贴蒙版命令制作图片蒙版效果；使用横排文字工具、直排文字工具和字符控制面板添加杂志名称、刊期和栏目；最终效果如图 13-13 所示。

扫码查看
本案例步骤

扫码观看
本案例视频

扫码查看
扩展案例

图 13-13

效果所在位置

云盘/Ch13/效果/制作时尚杂志电子书封面.psd。

课堂练习——制作美食书籍封面

🔗 练习知识要点

使用新建参考线命令添加参考线；使用矩形工具、椭圆工具和组合按钮制作装饰图形；使用钢笔工具和横排文字工具制作路径文字；使用投影命令为图片添加投影效果；使用自定形状工具绘制基本形状；最终效果如图 13-14 所示。

图 13-14

扫码观看
本案例视频

◉ 效果所在位置

云盘/Ch13/效果/制作美食书籍封面.psd。

课后习题——制作儿童教育书籍封面

🔗 习题知识要点

使用新建参考线命令添加参考线；使用钢笔工具、描边命令制作背景底图；使用横排文字工具和添加图层样式按钮制作标题文字；使用移动工具添加素材图片；使用自定形状工具绘制装饰图形；最终效果如图 13-15 所示。

图 13-15

扫码观看
本案例视频

◉ **效果所在位置**

云盘/Ch13/效果/制作儿童教育书籍封面.psd。

13.6   包装设计——制作冰淇淋包装

📋 **案例学习目标**

学习使用绘图工具、添加图层样式命令和文字工具制作冰淇淋包装。

📋 **案例知识要点**

使用椭圆工具、投影命令、色阶命令和横排文字工具制作包装平面图；使用移动工具、置入嵌入对象命令和投影命令制作包装展示效果；最终效果如图 13-16 所示。

扫码查看　　　扫码观看　　　扫码查看
本案例步骤　　本案例视频　　扩展案例

图 13-16

◉ **效果所在位置**

云盘/Ch13/效果/制作冰淇淋包装.psd。

课堂练习——制作曲奇包装

🔗 **练习知识要点**

使用矩形工具和图层样式命令绘制封面底图；使用色相/饱和度、曲线命令和图层混合模式制作封面图片效果；使用矩形工具、横排文字工具和直排文字工具制作包装文字；使用渐变工具和亮度/对比度命令制作底色效果；使用阈值命令和渐变映射命令制作图片效果；使用扭曲命令调整包装效果；使用扭曲命令、图层蒙版命令和渐变工具制作包装倒影效果；最终效果如图 13-17 所示。

扫码观看
本案例视频

图 13-17

效果所在位置

云盘/Ch13/效果/制作曲奇包装.psd。

课后习题——制作充电宝包装

习题知识要点

使用新建参考线命令添加参考线；使用渐变工具添加包装主体色；使用横排文字工具添加宣传文字；使用图层蒙版制作文字特殊效果；最终效果如图 13-18 所示。

扫码观看
本案例视频

图 13-18

效果所在位置

云盘/Ch13/效果/制作充电宝包装.psd。

13.7   网页设计——制作家具网站首页

案例学习目标

使用绘图工具、图层样式命令以及移动工具制作家具网站首页。

案例知识要点

使用移动工具添加素材图片；使用横排文字工具、字符控制面板、矩形工具、椭圆工具制作 Banner 和导航条；使用直线工具、渐变叠加命令、矩形工具和横排文字工具制作网页内容和底部信息；最终效果如图 13-19 所示。

扫码查看
本案例步骤

扫码观看
本案例视频

扫码查看
扩展案例

图 13-19

效果所在位置

云盘/Ch13/效果/制作家具网站首页.psd。

课堂练习——制作绿色粮仓网页

练习知识要点

　　使用文字工具和矩形工具制作导航条；使用钢笔工具、椭圆工具和创建剪贴蒙版命令制作广告条区域和小图标效果；使用圆角矩形和文字工具制作广告信息区域；最终效果如图 13-20 所示。

图 13-20

扫码观看
本案例视频

效果所在位置

　　云盘/Ch13/效果/制作绿色粮仓网页.psd。

课后习题——制作儿童零食网页

习题知识要点

　　使用矩形工具和画笔工具制作背景图形；使用横排文字工具和图层样式命令制作导航；使用圆角矩形和剪贴蒙版制作网页主体；最终效果如图 13-21 所示。

扫码观看
本案例视频

图13-21

 效果所在位置

云盘/Ch13/效果/制作儿童零食网页.psd。